安徽现代农业职业教育集团
服务"三农"系列丛书

Youjifei Shengchan Yu Shiyong Jishu

有机肥生产与施用技术

主　编　汪建飞
副主编　帅海星　程婷婷　王磊磊

图书在版编目(CIP)数据

有机肥生产与施用技术 / 汪建飞主编. —合肥：安徽大学出版社，2014.1
(安徽现代农业职业教育集团服务“三农”系列丛书)
ISBN 978-7-5664-0683-5

Ⅰ.①有… Ⅱ.①汪… Ⅲ.①有机肥料—生产技术②有机肥料—施肥 Ⅳ.①S141

中国版本图书馆 CIP 数据核字(2013)第 302094 号

有机肥生产与施用技术 **汪建飞 主编**

出版发行：北京师范大学出版集团
安 徽 大 学 出 版 社
(安徽省合肥市肥西路 3 号 邮编 230039)
www.bnupg.com.cn
www.ahupress.com.cn

印　　刷：安徽省人民印刷有限公司
经　　销：全国新华书店
开　　本：148mm×210mm
印　　张：5.375
字　　数：139 千字
版　　次：2014 年 1 月第 1 版
印　　次：2014 年 1 月第 1 次印刷
定　　价：12.00 元
ISBN 978-7-5664-0683-5

策划编辑：李　梅　武溪溪　　**装帧设计**：李　军
责任编辑：武溪溪　　**美术编辑**：李　军
责任校对：程中业　　**责任印制**：赵明炎

序

解决“三农”问题，是农业现代化乃至工业化、信息化、城镇化建设中的重大课题。实现农业现代化，核心是加强农业职业教育，培养新型农民。当前，存在着农民“想致富缺技术，想学知识缺门路”的状况。为改变这个状况，现代农业职业教育必然要承载起重大的历史使命，着力加强农业科学技术的传播，努力完成培养农业科技人才这个长期的任务。农业科技图书是农业科技最广博、最直接、最有效的载体和媒介，是当前开展“农家书屋”建设的重要组成部分，是帮助农民致富和学习农业生产、经营、管理知识的有效手段。

安徽现代农业职业教育集团组建于2012年，由本科高校、高职院校、县(区)中等职业学校和农业企业、农业合作社等59家理事单位组成。在理事长单位安徽科技学院的牵头组织下，集团成员牢记使命，充分发掘自身在人才、技术、信息等方面的优势，以市场为导向、以资源为基础、以科技为支撑、以推广技术为手段，组织编写了这套服务“三农”系列丛书，全方位服务安徽“三农”发展。本套丛书是落实安徽现代农业职教育教集团服务“三农”、建设美好乡村的重要实践。丛书的编写更是凝聚了集体智慧和力量。承担丛书编写工作的专家，均来自集团成员单位内教学、科研、技术推广一线，具有丰富的农业科技知识和长期指导农业生产实践的经验。

丛书首批共22册，涵盖了农民群众最关心、最需要、最实用的各类农业科技知识。我们殚精竭虑，以新理念、新技术、新政策、新内容，以及丰富的内容、生动的案例、通俗的语言、新颖的编排，为广大农民奉献了一套易懂好用、图文并茂、特色鲜明的知识丛书。

深信本套丛书必将为普及现代农业科技、指导农民解决实际问题、促进农民持续增收、加快新农村建设步伐发挥重要作用，将是奉献给广大农民的科技大餐和精神盛宴，也是推进安徽省农业全面转型和实现农业现代化的加速器和助推器。

当然，这只是一个开端，探索和努力还将继续。

安徽现代农业职业教育集团

2013年11月

前言

我国是一个传统的农业国家，几千年来人们依赖施用有机肥来培肥地力和提高农作物产量，并且在积制、保存、施用有机肥料方面形成了优良传统，积累了丰富经验。然而，从上世纪 80 年代开始，随着化肥产业的迅猛发展，以及人口增长对作物产量的需求，我国化肥用量急剧增加，而有机肥用量则急剧减少。到 20 世纪末，我国有机肥养分的投入量只占农田总养分投入量的 10%左右，我国的农业生产已完全依附于化肥的投入。偏施化肥的后果就是农田土壤有机质含量下降，土壤肥力退化，农作物减产且品质变差；同时，作物秸秆露天焚烧、畜禽粪便随地排放等现象屡禁不止，不仅造成了大量有机肥源的浪费，而且带来了严重的环境污染和生态问题。

那么，是什么原因导致人们轻视有机肥的生产与应用呢？归结起来，有 3 个方面的原因。一是传统农家肥的施用性能差。不论是畜禽粪便，还是人粪尿，或是土杂肥，经简单积制后既臭又脏，且施用后肥效有限，不如化肥施用方便、增产效果显著。二是农村主要劳动人群外出打工，缺少施用有机肥所需要的大量人力资源。三是有机肥生产技术落后，有机肥产业利润低。

新世纪以来，有机肥受到了政府和科技人员的高度重视，有机肥生产与施用技术有了很大进步和提高，在某些领域已经达到国际领先水平。正是基于这样的时代背景和行业发展态势，我们编写了这本书。本书除了尽可能罗列出传统的有机肥种类、生产方法、施用技术外,还着重把有机肥产业最新的技术成果展示出来。主要包括3个方面:一是强调了商品有机肥,它有别于传统有机肥,尤其是在施肥效果和使用性能方面都有显著改善,这也是未来有机肥产业发展的基础;二是介绍了生物有机肥,它代表着有机肥中的一个前沿分支,该类产品将在促进土壤的养分循环、高效利用、克服连作障碍等方面发挥重要作用,生产和销售生物有机肥可以显著提高有机肥产品的附加值,增强有机肥产业的驱动力;三是介绍了有机无机复混肥料,如果能将无机化肥与有机肥制成有机无机复混肥料,则既能显著提高化肥养分的利用率,也能获得与施用无机肥相当的产量,还能提高农产品质量。生产有机无机复混肥料是一项利国利民、具有广阔发展前景的农业生产资料产业化项目,也是大多数中小型化肥生产企业未来转型升级的方向所在。

书中还对商品有机肥生产技术进行了介绍,特别是对有机无机复混肥料的生产原理、工艺流程、技术参数、设备选型作了较为详细的阐述,可以作为肥料企业建设有机无机复混肥料生产线的参考。本书可供种植大户、家庭农场主、农民合作社成员等阅读,也可以作为广大农业技术推广人员的知识读本。

由于编写时间较为仓促,编者水平有限,书中不足之处在所难免,希望广大读者批评指正。

编者

2013年11月

目 录

第一章

有机肥概述

有机肥是以畜禽粪便、动植物残体等富含有机质的资源为主要原料，经发酵腐熟而制成的产品。有机肥含有丰富的有机物质，不仅能够提供作物生长所需的营养物质，还能改善土壤结构，增强土壤保水保肥能力。有机肥一般为灰褐色或褐色，呈粒状或粉末状，没有恶臭气味，甚至略带芳香（如图 1-1）。

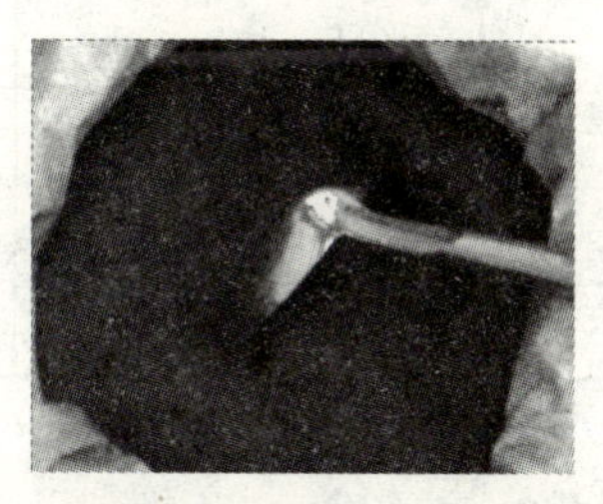

图 1-1　有机肥

随着市场的发展，有机肥的需求量越来越大，出现了许多生产有机肥的工厂。商品有机肥应符合国家相关标准（NY 525-2012），有关技术指标详见表 1-1。有机肥中的重金属、蛔虫卵、大肠杆菌等有害指标的控制应符合国家标准 GB8172-1987 的要求，见表 1-2。

表 1-1　有机肥料的技术指标

项　目	指　标
有机质含量(以干基计)	≥30%
总养分(氮+五氧化二磷+氧化钾)含量(以干基计)	≥4%
水分(游离水)含量	≤20%
pH	5.5～8.0

表 1-2　重金属和有害微生物控制指标

项　目	指　标
镉(Cd)	≤3 毫克/千克
铅(Pb)	≤100 毫克/千克
铬(Cr)	≤300 毫克/千克
汞(Hg)	≤5 毫克/千克
砷(As)	≤30 毫克/千克
粪类大肠菌群数	≤100 个/克
蛔虫卵死亡率	≥95%

一、有机肥的种类

中国是农业生产大国，有机肥原料来源广泛，种类繁多。1990年，农业部在对全国11个省(自治区、直辖市)开展有机肥料品质及其分布调查的基础上，把中国现有的有机肥料按其相同或相似的产生环境、实施条件、性质功能和积制方法进行分类，分为粪尿肥类、堆沤肥类、秸秆肥类、绿肥类、土杂肥类、饼肥类、海肥类、腐植酸类、农用城镇废弃物类、沼气肥类等十大类。

1.粪尿肥类

粪尿是指人和动物的排泄物，含有丰富的有机质和氮、磷、钾、钙、镁、硫、铁等作物需要的营养元素，以及有机酸、脂肪、蛋白质及其分解物。粪尿肥类有机肥包括人粪尿、家畜粪尿、家禽粪和其他动物粪肥等。

(1)人粪尿 人粪尿是人粪和人尿的混合物，养分含量较高，而有机质的含量较某些有机肥料低，碳氮比小，易腐熟，是粗肥中的细肥。

(2)家畜粪尿 家畜粪尿是指猪、马、牛、羊等的排泄物，含有丰富的有机质和植物所需的营养元素。

(3)家禽粪 家禽粪是指鸡粪、鸭粪、鹅粪、鸽粪等的总称。家禽粪养分含量高，质量好，还含有各种氨基酸、脂肪、有机酸和植物生长调节剂等。

除前面提到的人粪尿、家畜粪尿、家禽粪外，还有蚕沙、海鸟粪、蚯蚓粪等，也是优质的有机肥资源。

2.堆沤肥类

堆沤肥是以秸秆、杂草、树叶、泥炭、垃圾以及农村废弃物为主要材料，加入适量的人畜粪尿而沤制成的有机肥。堆沤肥包括厩肥、堆肥、沤肥。

(1)厩肥 厩肥是牲畜粪便与垫料混合堆沤腐熟而制成的有机肥料。厩肥肥效好，营养成分较全面，原料来源广。

(2)堆肥 堆肥分 2 种：一种是高温堆肥，以纤维质多的作物秸秆为原料，加入适量的骡马粪和人粪尿，发酵时温度较高，有明显的高温阶段，堆腐的时间较短，对促进堆肥中物料的腐熟及杀灭病菌、虫卵和杂草种子都有一定的作用。另一种是普通堆肥，以土为主，发酵时温度较低，腐熟过程中堆温变化不大，腐熟所需时间较长。

(3)沤肥 南方和北方积制沤肥的方法和原料虽有差异,但都是以作物秸秆、绿肥、青草、草皮、树叶等植物残体为主,混以垃圾、人粪尿、泥土等,在常温、淹水的条件下沤制成肥料。

堆沤肥中的有机质在厌氧条件下分解,养分不易挥发,且形成的速效养分多被泥土吸附,不易流失,肥效长而稳。

3.秸秆肥类

秸秆是农作物的副产品,含有相当数量的营养元素。当作物收获后,将秸秆直接归还于土壤,能改善土壤物理、化学和生物学性状,提高土壤肥力,增加作物产量。我国农作物种类繁多,大面积还田的秸秆主要有稻秸、麦秸、玉米秸、豆秸等。作物秸秆除了用于堆制或沤制肥料外,直接还田也是一种较好的利用形式。秸秆还田类型中还有堆沤还田和过腹还田。有些地方把秸秆烧成草灰还田,这种方式既污染环境,又损失肥效,应避免使用。

4.绿肥类

我国栽培和施用绿肥有着悠久的历史,是世界上最早使用绿肥的国家之一。以绿色部分翻入土壤当作肥料的植物称为"绿肥"。作为肥料栽培的作物叫作"绿肥作物"。绿肥在提供农作物所需养分、改良土壤、改善农田生态环境和防止土壤侵蚀及污染等方面具有良好的作用。我国绿肥资源丰富,冬季绿肥的品种有紫云英、苕子、豌豆、草木樨、黄花苜蓿、肥田萝卜、油菜、蚕豆等;夏季绿肥的品种有田菁、绿豆、豇豆等;多年生绿肥的品种有紫花苜蓿、紫穗槐、沙打旺等;水生绿肥的品种有满江红、水花生、水葫芦、水浮莲等。

5.土杂肥类

土杂肥具有来源广、种类多、可就地积制等特点。它是以杂草、垃圾、灰土等在一起沤制的肥料,主要包括各种土肥、泥肥、糟渣肥、

骨粉、草木灰、屠宰场废弃物及城市垃圾等。土杂肥一般很少单独施用，通常与其他有机肥料混合施用。这种肥料只要施用得当，就会有一定的增产作用。

6.饼肥类

饼肥是油料作物籽实榨油后剩下的残渣，也叫“油枯”，是我国传统的优质农家肥，也是牲畜的优质饲料。饼肥的种类很多，主要品种有大豆饼、油菜籽饼、芝麻饼、花生饼、棉籽饼和葵花籽饼等。各种类型的饼肥中一般都富含有机质、氮和相当数量的磷、钾以及中量元素或微量元素，其中钾元素可被作物直接利用，而氮、磷则分别存在于蛋白质和卵磷脂中，不能被农作物直接吸收利用。虽然饼肥中的氮、磷不能被直接利用，但由于饼肥的氮元素含量比较少，易分解，较之其他有机肥来说，其肥效易发挥出来。

7.海肥类

目前，已有六七十种海生动植物可被用来做肥料，主要分为三大类：动物性海肥、植物性海肥和矿物性海肥。其中以动物性海肥种类最多、数量最大。植物性海肥、矿物性海肥的蕴藏量也很多，但种类较少。海肥肥效高，增产效果显著。海肥的含肥量和施用方法因品种而异。

8.腐植酸类

腐植酸类肥料是一种含有腐植酸类物质的新型肥料，在肥料生产过程中往往被制作成多功能的有机无机复合肥。腐植酸类肥料含有腐植酸和大量有机质，是以含腐植酸较多的泥炭、褐煤、风化煤等为主要原料，加入一定量的氮、磷、钾或某些微量元素而制成，如腐植酸铵、腐植酸钾、硝基腐植酸铵、腐植酸氮磷复合肥、腐植酸钠、腐植酸微量元素肥料等。

9.农用城镇废弃物类

随着经济的不断发展、人们生活水平的不断提高,资源和能源被大规模开发利用,使得城镇废弃物如城市垃圾、污水污泥、粉煤灰等越来越多。这些废弃物如果不及时处理利用,将会影响人类的生存环境。据调查,不少废弃物中有机质含量丰富,且含有农作物可利用的营养物质,如氮、磷、钾、钙、镁、硫等。了解城镇废弃物的成分、性质,将它变废为宝,不仅有利于城市的环境卫生,而且有利于农业生产。

10.沼气肥类

沼气肥是由沼气发酵池中的发酵液和残渣组成的一种有机肥料,它是一种缓速兼备的优质有机肥料。利用畜禽粪便等农业有机废弃物生产沼气,不仅是解决农村能源问题、使肥料增产、提高肥效的重要途径,而且是消除粪臭、消灭害虫、改善农村生活环境的有效措施。

二、有机肥在农业中的利用现状和发展前景

1.我国有机肥的利用现状

(1)我国有机肥的资源量 据农业部估算,2002年全国有机肥料资源总量约为48.8亿吨,其中畜禽粪便资源量约为20.4亿吨,堆沤肥资源量约为20.2亿吨,秸秆肥类资源量约为6亿吨,饼肥资源量为2000多万吨,绿肥为1亿多吨。而据中国农业科学院相关专家估算,我国每年来自农业内部的有机物质(粪尿类、秸秆类、绿肥类、饼肥类)约为40亿吨,可提供氮、磷、钾养分约5316万吨,其中秸秆类占资源量的12.2%左右,可提供养分约1335.7万吨;粪尿类占资源量的78.7%左右,可提供养分约3463.2万吨。

根据11种主要家畜、家禽的年平均存栏数、饲养周期、日排泄量，计算出2003年我国畜禽的粪尿总量约为35.2亿吨，其中粪便约为22.1亿吨，尿液约为13.1亿吨。其养分总量约为4741.2万吨。

目前，我国年产粮油作物秸秆在5亿吨以上。1998年最高达到5.7亿吨，2003年约为5.1亿吨，如果包括其他作物的秸秆，总秸秆量约为6亿吨，其总养分量约为1578万吨。加上来自于农业内部的其他有机肥基本资源，如饼粕肥每年约0.25亿吨、绿肥大约2亿吨，以及来自农业以外的有机肥资源，如城市生活垃圾约2亿吨、城市污泥约0.2亿吨、肉类加工厂废弃物0.50亿～0.65亿吨等，估算出我国每年有机肥资源的总养分量大约为7000万吨。

(2)有机肥利用状况 我国一向有利用有机肥的传统。早在2000多年前的春秋时期，我国农民就开始应用有机肥。《诗经》里就有关于锄草沤肥，使黍稷生产旺盛的记载。到了汉代，已有10多种有机肥，并开始采用种肥、基肥、追肥等不同的施肥技术。南宋陈敷的《农书》记载："若能时加新沃之土壤，以粪治之，则益精熟肥美，其力当常新壮矣。"这些地力常新的理论，指导着我国农民在几千年的农耕中，努力开拓有机肥源，大量使用有机肥料。有机肥的利用一方面保护了土壤肥力，使地力长盛不衰；另一方面形成了无废物排放的农业循环经济，保护了农村环境的安全。到了清代，据杨双山的《知本提纲》记载，我国已有有机肥十大类100多种。直到近代，因为化肥的使用，有机肥才逐步退出了主导地位。但是直到20世纪五六十年代，有机肥仍占有主要地位。据农业部农技推广中心的数据显示，有机肥在肥料总投入量中的比例为：1949年99.9%，1957年91%，1965年80.7%，1975年66.4%，1980年47.1%，1985年43.7%，1990年37.4%。根据李家康的研究，这一比例在1995年降至32.1%，2000年又降至30.6%。据《2004年中国环境状况公报》公布的数据，2003年全国有机肥施用量仅占肥料施用总量的25%。随着有机肥生产与施用量的下降，不可避免地造成了资源浪费，同时还带来了大气污染、水体富营养化等环境问题。

我国农业科技人员普遍认为，在作物生产中，有机肥占总施肥量的50%左右较好，高产田可以多施一些化肥，化肥与有机肥的比例约为60∶40；而低产田应多施一些有机肥，化肥与有机肥的比例约为40∶60。由此可见，目前我国大多数地区农业生产上有机肥的施用比例是很不恰当的。

从有机肥的基本资源量来看，畜禽粪便和秸秆是最主要的有机肥资源，其养分含量约占有机肥养分总量的90%，而且数量一直在增长，其他种类的有机肥资源量或利用量则在下降，如绿肥、河湖淤泥、熏土、生活垃圾与污水、海肥等。这些有机肥料除绿肥在一些地方还起着重要作用外，其余的已不再是有机肥的主要种类。所以，当务之急是抓好畜禽粪便与秸秆的利用工作，与此同时，还要想方设法拓展有机肥源。

2.有机肥的发展前景

发展有机肥既是改善作物营养、实现农业增产增收的需要，也是保护土壤肥力与农村环境、实现农业循环经济的需要。我国农民有施用有机肥的传统，也有越来越多的农业废弃物资源可用于生产有机肥。所以，我们完全有条件大幅度提高有机肥的施用比例，实现农业的可持续发展。

2003年，我国农田养分总投入量为6000万吨左右。据测算，在我国人口与农业产量达到最高峰时，农田养分总投入量将提高到1亿吨，若保持目前化肥与有机肥的施用比例，化肥的用量将达到7500万吨，我国的农田将不堪重负，如果将有机肥比例提高到50%，则化肥用量将只有小幅度增加(由4411.6万吨增加至5000万吨)。而有机肥总量达到5000万吨时，农业废弃物的利用率也只占当年废弃物的60%～70%，是完全可以实现的。为此，应该将“实现农业废弃物利用率60%～70%，有机肥施用比例50%”作为有机肥产业的发展

目标。

近年来，随着农业产业结构的调整，我国有机肥资源也发生了相应变化，因而在开发利用策略上也要作出相应调整。作物秸秆量随着作物产量的增加而不断增加，同时又随着农村能源状况的改善而减少燃烧消耗，可以更多地用于有机肥开发。目前我国每年产生的秸秆总量约为6亿吨，其中含氮、磷、钾养分量约为1600万吨。

目前，大约只有30%的秸秆用于生产有机肥，30%的秸秆被焚烧，10%的秸秆长期堆放于田边地头，如将后两部分秸秆利用起来，秸秆有机肥量将增加1倍以上。

秸秆作为有机肥利用的方法有多种，如过腹还田、堆沤、直接翻压还田、秸秆盖田等，其中直接翻压还田与盖田是最值得推广的方法。但是这些方法都需要用机械操作，单纯依靠手工操作极为费力。目前我国以联产承包责任制为主体的农业经营方式规模较小，机械装备差，因而限制了秸秆的合理利用。"十二五"期间，国家大力提倡家庭农场的经营模式，能有效地推广农作物秸秆的肥料化利用技术。当然，除了解决机械装备问题以外，对于因秸秆还田而增加的病虫草害问题，也需要提出更好的防治办法。

畜禽粪尿的资源量随着畜牧业的发展而迅速增长。2003年，畜禽粪尿量已经达到35.25亿吨，其中氮、磷、钾养分含量约为47.41万吨，氮、磷、钾比例约为1∶0.53∶1.08，其磷、钾比例也远远高于现在的化肥施用比例。如果将这些粪肥作为肥料施入农田，对解决我国磷、钾肥不足的问题也有重要意义。

事实上，目前我国畜禽粪尿的利用率并不高，特别是大中型养殖场的畜禽粪便利用率很低。一些大城市郊区的调查结果表明，畜禽粪便利用率一般不到20%，如北京市的畜禽粪便年加工处理能力仅有22万吨，处理率仅为3%。对于这部分资源，目前正在致力于发展工厂化加工，生产商品有机肥进行销售。但是由于生产技术不合理，成本较高，商品有机肥产品只能用于那些高附加值的农作物，应用范围受到限制。所以，畜禽粪尿的最好利用办法是经简单沤制发酵后直接在田间施用。这就需要提供配套的发酵设备与方法、运输工具与施用技术，并解决相应的管理问题，如养殖场的合理布局与服务半径、养殖场与农户的施肥服务关系，等等。对于那些规模过大、造成畜禽粪便消纳半径过大、直接应用不够经济的养殖场，则以生产商品有机肥为主要利用方式，但也需要采取一些配套措施，如改水冲为干清粪，以减少有机肥生产过程中脱水的能源消耗，大幅度降低生产成本。另外，畜禽粪便中有害物含量过高的问题日益严重，严格控制饲料添加剂的使用，加强质量管理，是我国发展畜禽粪便利用的重要前提。

沼气工程是我国农业部门重点推广的项目。沼气生产技术近年来有了较快发展，但是目前沼气肥的发展遇到了2个问题：一是多数经济发达地区的畜禽养殖模式已转向规模化、工厂化饲养，大部分农户缺少畜禽粪尿作为氮源，在没有合理碳氮比的条件下，沼气的产出率很低，影响了沼气的发展；二是沼渣、沼液用于农田施肥时，需要一定的运输工具与较高的劳动力投入，许多农户无法将这些沼气肥特别是其中的沼液运往田间，往往就直接排到沟渠中，反而造成了新的污染。这也正是目前沼气只在我国中西部那些进行畜禽户养殖及劳动力充裕的贫困地区得到较为正常发展的主要原因。

针对沼气肥的运输与施用困难等问题，一是需要研制专用工具，并鼓励发展类似小麦收割服务的那种沼气肥施肥服务；二是在大中型畜禽养殖场和小城镇发展大中型沼气生产，为农户提供能源与肥料服务。

农村生活垃圾与生活污水原本也是传统的有机肥肥源，但现在已经基本上退出了有机肥的行列。这不但减少了有机肥的来源，而且造成了环境污染。据相关科研单位调查，目前我国农村的水源污染中，30%～40%来源于畜禽粪便，10%～15%来源于化肥，而50%来源于村镇的生活垃圾与生活污水。所以，即使从治理环境污染的

角度，也应该采取措施处理垃圾与污水。对垃圾可以采用填埋的方法，但却浪费了资源，最好的办法还是推广垃圾分类收集与利用；对污水可以采取建设小型污水处理设施的方法，也可以通过发展沼气予以解决。

绿肥本是我国传统的有机肥，但由于耕地面积的减少与粮食作物和经济作物种植任务的压力，我国绿肥种植面积不断缩减。1976年绿肥面积一度达到1300万公顷，而目前也只有400万～530万公顷。根据目前我国的现实情况，进一步扩大绿肥面积有很大困难，但也应该采取措施提高现有面积上的绿肥生产水平，做好绿肥品种的提纯复壮工作，提高绿肥的种植、保藏与利用技术，并研制与推广一批粮肥、绿肥兼用型绿肥品种。

目前除了以上几种主要的有机肥种类外，其他传统有机肥种类均已不占重要地位，估计今后也不再会成为主要的有机肥种类。如饼粕现在主要用于饲料，草木灰随着农村能源的变化已经越来越少，而污泥则养分含量低、使用成本高，环境污染的危险性也大。此外，城镇、工矿的污水、垃圾与废渣等，虽然数量巨大，具有一定的有机肥利用前景，但是必须首先解决有害成分过高的问题，并在严格监控、充分保证使用安全的前提下才能作为有机肥施用。

综上所述，虽然我国一些传统有机肥种类正在逐步消失，但随着农业生产的发展，我国有机肥的资源量仍在增长。今后我国的有机肥发展应以作物秸秆与畜禽粪便的利用为主，并努力做好农村生活垃圾与生活污水的利用工作，同时在现有面积上提高绿肥的种植与利用水平。通过提高上述资源的利用率，在保证有机肥质量的基础上，大幅度增加有机肥的数量，使年施用量达到5000万吨，与化肥形成1∶1的施用比例，实现合理的施肥策略。

第二章
传统农家肥

随着农业生产水平的提高和绿色食品生产的发展,农田对有机肥的需求越来越迫切。无论是从食品安全的角度,还是从农业生产可持续发展的角度,化肥都不能完全代替农家肥。过去由于单一施用化肥,造成耕层变浅,易旱易涝,化肥烧苗,土壤酸化,地力后劲不足;并且化肥养分过于单一,种出的庄稼口感差,降低了农产品的品质。因此,若想恢复和保持土壤肥力,必须施用有机肥。

我们通常所说的"有机肥"指的就是传统农家肥。在广大农村地区,农民利用人畜粪便、秸秆、落叶、枯枝、草炭、动物残体、屠宰场废弃物等在田头地边堆沤,制成有机肥。有机肥所含营养物质比较全面,不仅含有氮、磷、钾,而且含有钙、镁、硫、铁以及一些微量元素。这些营养元素多呈有机物状态,难以被作物直接吸收利用,必须经过土壤中的物理化学作用和微生物发酵、分解,才能使养分逐渐释放,因而有机肥的肥效长且稳定。

一、农作物营养与农家肥

1.农作物生长所需营养元素

作物的生长需要阳光、水、温度、空气、养分。土壤可提供作物需要的养分,作物从土壤中吸收的物质叫作"营养元素"。现在在植物

体中已发现了70种以上的元素，当然，这些元素并不都是植物必需的营养元素。根据研究发现，植物必需的大量营养元素包括碳、氢、氧、氮、磷、钾，它们在作物体内的含量一般为百分之几。其中作物对氮、磷、钾的需要量较大，而土壤的供应量常常不够，需要通过施肥才能满足作物生长的要求，因此，氮、磷、钾被称为作物营养的三要素或肥料三要素。作物必需的中量营养元素有钙、镁和硫，它们在作物体内的含量为千分之几。作物必需的微量营养元素包括铁、锌、铜、锰、钼、硼和氯，它们在作物体内的含量只有万分之几。

氮是蛋白质、核酸、磷脂的主要组成成分，而蛋白质、核酸、磷脂又是原生质、细胞核和生物膜的重要组成成分。氮还是许多生长激素、酶和辅酶的组成成分。氮是叶绿素的组成成分，绿色植物进行光合作用需要借助于叶绿素的作用，因此在所有绿色植物的光合作用、生命活动中，氮都是必不可少的元素。缺少氮时，农作物生长矮小、黄瘦、分蘖少，花果易脱落。

磷在植物体中的含量仅次于氮和钾，一般在种子中含量较高。磷对植物营养有重要的作用，植物体内许多重要的有机化合物都含有磷。磷是核酸、核蛋白、磷脂的主要组成成分，与蛋白质合成、细胞的分裂和生长关系密切。磷还是许多辅酶的组成成分，参与光合作用、呼吸作用和能量代谢。缺磷时，农作物矮小、分蘖少，果实不饱满。磷能提高许多水果、蔬菜和粮食作物的品质，还有助于增强一些植物的抗病性、抗旱和抗寒能力，有促熟作用，对缩短作物生长周期和提高作物品质起着重要的作用。

钾是植物的主要营养元素，同时也是土壤中容易供应不足而影响作物产量的三要素之一。钾能够促进光合作用，缺钾会使作物光合作用减弱。钾的重要生理作用之一是增强细胞对环境条件的调节作用。钾能增强植物对各种不良状况的耐受能力，如干旱、低温、高盐、病虫危害、倒伏等。植物最常见的缺钾症状是沿叶缘呈灼伤状，首先从下部的老叶片开始，逐渐向上部叶片扩展，并且有斑点产生；

缺钾植物生长缓慢，根系发育差；茎秆脆弱，常出现倒伏；种子和果实小且干皱；植株对病害的抗性差。另外，钾还是一种影响作物品质的元素，丰富的钾元素可以改善果实、蔬菜的口感。

2.农家肥的特点及作用

(1)农家肥的特点 有机肥料在补充植物营养的同时，通过供应有机物质不断地改善土壤的理化性状，促进植物生长及土壤生态系统循环。有机肥料有以下7个主要特点：

①肥源广，成本低。有机肥料来源广，主要来源包括人畜粪尿、秸秆、杂草、各种农业有机废弃物、河泥、污水、垃圾、腐植酸肥料、沼气池肥和豆科绿肥作物等。大多数有机肥可就地取材积制。

②肥效长，养分全。有机肥料中除含有氮、磷、钾三要素外，还含有铜、镁、硫、铁、锌等中量元素和微量元素，同时富含刺激植物生长的某些特殊物质，如胡敏素和抗生素等，养分比较全面。有机肥的养分大多数呈有机态，不易损失，肥效长。

③改善土壤结构，增强土壤保水保肥能力。有机质可以促进土壤团粒结构形成，能协调水、肥、气、热的平衡，促进土壤向作物供应养分。有机肥料能够使土壤容重变小，增强土壤的保水保肥能力。

④改善土壤微生物状况。有机肥料一方面能直接增加土壤中有益的微生物菌群，另一方面能为土壤中微生物创造良好的环境，因而会显著改善微生物状况，提高土壤中微生物的活性，促进肥料的分解和转化。

⑤提高无机肥的肥效，改善农产品品质。长期施用化肥，往往导致土壤物理性状和化学性状发生改变，造成土壤板结，通气、透水性差，对养分的吸附力降低。增施有机肥料可改善土壤结构，增加土壤的保水保肥能力，降低氮的损失，提高氮肥的利用率。有机肥能很好地协调养分平衡，改善农产品品质。

⑥增强农作物的抗逆性。连年增施有机肥料，有增强土壤保水

保肥能力和维持土壤温度的作用，从而增强农作物的抗旱和抗寒能力。

⑦降低农业生产成本，节约能源。施用有机肥，可使化肥施用量减少，降低粮食的生产成本；生产化肥需要大量的能源和矿产资源，施用有机肥能降低化肥施用量，减少资源浪费，节约能源。

(2)农家肥的作用

①供给作物养分和活性物质，提高光合作用强度。在土壤不断矿化的过程中，有机肥料能持续较长时间供给作物多种必需的营养元素，同时还可供给多种活性物质，如氨基酸、核糖核酸、胡敏酸和各种酶等。尤其在畜禽粪便中酶活性特别高，是土壤酶活性的几十到几百倍，既能给植物提供营养，又能刺激作物生长，还能促进土壤微生物活动，提高土壤养分的有效性。在有机肥料分解过程中，会产生大量二氧化碳，可为作物光合作用提供碳源，形成更多的光合产物。试验结果证明，增加二氧化碳的浓度能使作物增产10%以上。有机肥料中含有丰富的碳源，对促进作物生长、提高作物产量有重要意义。

②提高土壤肥力。土壤中的有机质是衡量肥力水平的主要标志之一，是土壤肥力的物质基础。单施化学肥料，会使土壤结构在很短的时间内遭到破坏而板结。我国大部分地区土壤有机质含量都比较低，除东北黑土地区土壤有机质含量较高(最高可达7.5%)外，像华北、西北地区，大部分有机质含量低于1%，华中、华南一带水田中有机质含量稍高，可达3.5%。此外，旱地中有机质含量很少能达到2%以上，其中有机质含量低于0.5%的耕地面积占我国现有耕地面积的10.6%。研究表明，有机肥料为土壤提供的有机质质量约占土壤有机质年形成量的2/3。可见，只有补充有机肥料，才能不断地更新土壤有机质。

③改善土壤理化性状。有机肥料进入土壤后，经微生物分解，形成新的腐殖质。腐殖质能与土壤中的黏土及钙离子结合，形成有机

无机复合体，促进土壤中水稳性团粒结构的形成，从而可以协调土壤中水、肥、气、热的平衡，降低土壤容重，改善土壤的黏结性和黏着性，使土壤耕性变好。

由于腐殖质疏松多孔，其黏着力和黏结力比黏土小、比沙土大，因而，它既可以提高黏性土壤的疏松度和通气性，又可以改变沙土的松散状态。腐殖质的颜色较深，可以提高土壤的吸热能力，改善土壤热状况。腐殖质的吸水蓄水力强，可以提高土壤的保水能力。

腐殖质分子的羟基、酚式羟基或醇式羟基在水中能解离出氢离子，使腐殖质带负电荷，故腐殖质能吸附大量阳离子，与土壤溶液中的阳离子进行交换，可以提高土壤的保肥能力。由上可知，施用有机肥料能有效地培肥土壤，有利于作物的高产和稳产。

④提高产品品质。单一施用化肥或养分配比不当，均会降低产品品质。实践证明，有机肥料与化学肥料配合施用能提高产品品质，如提高小麦和玉米籽粒中蛋白质含量。中国农业科学院土壤肥料研究所的研究表明，不合理、过多地追施氮肥时，蔬菜体内的硝酸盐含量会明显增加，特别是白菜、菠菜和生菜的可食部分中，硝酸盐含量高达1000微克/克，最高者可达1700微克/克，而追施厩肥的蔬菜体内的硝酸盐含量仅为200～500微克/克，最低每克蔬菜体内仅含硝酸盐几十微克。对于番茄和菜花类蔬菜，采用有机、无机肥配合，可使维生素C含量提高16.6～20.0微克/克。

⑤减轻环境污染。有机废弃物中含有大量病菌虫卵，若不及时处理会传播病菌，使地下水中氨态、硝态和可溶性有机态氮浓度增高，并使地表与地下水富营养化，造成环境质量恶化，甚至危及生物的生存。因此，合理利用有机肥料，既可减轻环境污染，又可减少化肥投入，一举多得。有机肥料能吸附和螯合有毒的金属阳离子，如铜、铅等，还能增加对砷的固定。

二、农家肥的积造技术

畜禽粪便和农村各种有机物都是耕地的宝贵资源，我们应科学、合理地充分利用这些资源，积造出更好的有机肥料，生产出更多、更好的农产品。

1.粪尿肥的积造

粪尿是一切动物的排泄物，含有丰富的有机质和作物所需的各种营养元素，属于优质完全肥料。

(1)人粪尿　人粪尿含有较多的养分，肥效较快，因此它是一种速效有机肥料。人粪尿中含氮较多，含磷和钾较少。但是人粪尿的氮元素流失也快，因此人们常采用以下几种方法来处理人粪尿，从而减缓氮元素的流失。

①建厕所、贮粪池。厕所、贮粪池通常建在遮阴避风处，且要加盖，这样可以避免氮元素的损失。有的农民在粪池中加入吸附能力强的细干土、草炭、秸秆或者化学试剂，这样也有利于氮元素的固定。

②配制成堆肥。将人粪尿、土、杂草、秸秆、垃圾、污泥等混合制成堆肥。沤制前，将杂草等晒至半干。沤制时，先在地面铺一层6～10厘米厚的污泥或细土，然后铺一层杂草，泼洒少量人粪尿，再撒盖6～10厘米厚的细干土，依次逐层堆积至高1.5米左右，最后用烂泥密封。沤制4～5周后，须翻堆1次再密封，使杂草充分腐熟，再经2～3周沤制，即可施用。

③人粪尿不能与草木灰或火烧土混合。人粪尿会与草木灰或火烧土中的碱性物质发生化学反应，导致氨的挥发。据相关资料表明，两者混存后，氮元素3天损失率达27.4%，3个月损失率达85.6%。因此，两者不能混合施用。

(2)畜禽粪尿　畜禽粪尿是猪、牛、马、羊、鸡、鸭、鹅等家畜、家禽的粪尿，含有丰富的有机质和植物所需要的养分，是我国农村主要的有机肥源。

①家畜粪尿。家畜粪尿根据其量的多少可以采用水冲式和垫圈式2种方法进行积造。

水冲式:水冲式适于集体饲养的畜群、家畜粪尿量多的畜舍。畜舍的地面多用砖或水泥制成,不能渗漏,地面向靠近粪坑的一侧倾斜,并挖沟通向粪坑。每日用水冲畜舍的地面,粪尿则流入粪坑,在厌氧条件下沤制成水粪。

垫圈式:畜舍内通常垫上大量的秸秆、杂草、泥炭、干细土等。垫料本身含有各种养分,还可以吸收粪尿,具有保洁保肥的双重作用,不仅质量好,而且数量多。南方的垫料多用草,北方的垫料多用土或泥炭。畜舍垫圈要掌握勤起垫原则,大约每隔20天清理一次,在起出的畜粪中掺些人粪尿,再加1%～2%过磷酸钙和少量泥土,进行圈外混合堆积,可造出大量优质粪肥。

②家禽粪尿。鸡、鸭、鹅是我国农村发展家庭养殖业的重要对象,尤以家庭养鸡最为普遍,且便于圈养,有利于粪便积存。鸡粪利用率较高,约为80%。家禽饮水较少,粪便浓,堆置腐熟过程中温度会升得很高,氮肥极易损失,所以积制时要加水。

2.厩肥的积造

厩肥是指以家畜粪尿和各种垫料混合积造而成的有机肥,在我国农村一般称其为"圈粪"、"栏粪"或"土粪"。北方多用土垫圈,南方多用秸秆、杂草等植物残体垫圈。要定时垫圈,粪土比例为1:(3～4)。厩肥肥效好,且在农村容易积造,所以在我国农村应用较广泛。厩肥的积造方法一般有圈外堆沤腐解和圈内堆沤腐解2种。

(1)圈外堆沤腐解 圈外堆沤腐解积造法多适用于大牲畜积肥,猪栏粪、羊圈粪、兔窝粪等也常采用此法。垫料主要为作物秸秆、杂草等。积造时应勤垫勤清扫,将清扫出的家畜粪尿与垫料的混合物置于蔽荫场所堆沤腐解。按堆积的松紧程度不同,圈外堆沤腐解积

造法可分为紧密堆积法、疏松堆积法和疏松紧密交替堆积法 3 种。

①紧密堆积法。将家畜粪尿与垫料的混合物取出，在畜舍附近蔽荫地方层层堆积压紧，堆至 1.5～2 米高后，用泥土把粪堆封好，以免被雨水淋溶。此法堆积的温度变化小，一般保持在 15～35℃，肥料始终是在无氧条件下分解，分解时产生的二氧化碳能与氨化合形成碳酸铵，氨还能和堆内分解产生的有机酸化合成盐类，这些反应都能减少氨的损失。所以此法积造的有机肥中有机质和氮损失少，且腐殖质积累较多。2～4 个月后，厩肥可达半腐熟状态，6 个月以上可完全腐熟。

②疏松堆积法。该堆积方法与紧密堆积法相似，但在堆积过程中始终不压紧，肥堆内一直保持好气状态，使厩肥在高温条件下进行分解。此法可在短期内制出腐熟的厩肥，而且还可将肥堆内的病菌、寄生虫卵和杂草种子全部杀死。但使用该方法时，有机质和氮素损失较大，除急需用肥外，一般很少使用。

③疏松紧密交替堆积法。将家畜粪尿与垫料的混合物疏松堆积，不压紧。为提高肥料质量和分解速度，还可在堆积时向堆内泼浇适量的粪水或分层加入少量过磷酸钙。一般 2～3 天后，堆内温度可升至 60～70℃，能把大部分病菌、虫卵和杂草种子杀死。待温度降下时，随即踏实压紧，上面再继续堆积新出的厩肥。这样层层堆积，一直堆到 1.5～2 米高，堆外面用泥土封好或盖稻草，用于保温和防雨淋溶。厩肥一般经 1.5～2 个月可达半腐熟状态，4～5 个月可完全腐熟。

(2)圈内堆沤腐解　我国北方农村积制土粪主要采用圈内堆沤腐解法，南方农村猪栏粪的积制也大多采用此法。华北地区农村积制土粪的猪圈构造方式一般分为台和坑两部分，台是猪休息的地方，坑是供猪运动和排泄的场所，也是积制厩肥的地方。坑的大小以养猪的数量而定，垫料主要为干细土，也可放入部分秸秆、青草、垃圾等。圈坑内常年保持湿润，将垫料加入坑内，通过猪的踩踏，使粪尿与垫料充分混合、压紧，形成嫌气分解条件进行沤制。当坑内土粪堆到一定高度时，下层肥料已经腐熟，可将其移至圈外平地上再堆积一段时间，待腐熟均匀后，结合翻堆将土粪捣碎备用。积制猪栏粪大多采用平地圈形式，在圈内不设坑，圈底与地面齐平，垫料多为秸秆、杂草等植物残体。将垫料加入圈内，通过猪的踩踏使粪尿和垫料充分混合、压紧、发酵，当堆到一定高度时，下层肥料已达腐熟或半腐熟状态，可起出作堆沤肥的原料或直接用作基肥。

第三章 秸秆肥料化

我国是一个农业大国。随着农业的发展，农副产品的数量也不断增加，如农作物秸秆，每年约有 6 亿吨。秸秆蕴藏着丰富的能量以及大量的营养物质，具有种类多、数量大、分布广等特点。秸秆的开发利用潜力巨大，发展前景十分广阔。我国是一个人口众多、资源相对较少的国家。因此，把数量巨大的农业废弃物（特别是农作物秸秆）加以充分开发利用，变废为宝，不仅可以产生巨大的经济效益，还可以获得重要的环境效益和社会效益。

农作物秸秆的应用主要体现在加工利用和直接利用 2 个方面。利用秸秆堆制有机肥料时，以腐熟的秸秆为主要原料，加入畜禽粪和多种微量元素、活性剂，经过粉碎加工成颗粒状生物有机肥。生物有机肥可用作绿色食品专用肥，也可用作优质粮生产用肥，不仅能增产增收，而且能大大改善粮、果、蔬的品质。加工利用秸秆的设备投资少、见效快，适合大规模集中生产。直接利用秸秆肥料一般采用秸秆直接还田的方法。即在收获作物时，将秸秆抛撒在田间，或粉碎或整株，或覆盖或深埋，也可以在作物苗期将秸秆均匀地覆盖在地表。

一、秸秆的综合利用

20 世纪八九十年代前的中国，农民通常利用秸秆烧火、做饭、取暖，养畜积肥还田。随着农村生活模式的转变，秸秆的作用也随之改变。近年来,随着农村劳动力转移、能源消费结构改善和各类替代原料的应用,加上秸秆综合利用成本高、经济性差、产业化程度低等因素,开始出现了地区性、季节性、结构性的秸秆过剩,特别是在粮食主产区和沿海经济发达的部分地区,违规焚烧秸秆现象屡禁不止,不仅浪费资源、污染环境,还严重威胁交通运输安全。造成这种现象的客观原因是我国耕地倒茬时间短、复种指数高,抢收、抢种只有约1周的时间,从而造成处理农作物秸秆的时间很短。

以安徽省为例,每年种植各类作物1亿多亩①,产生的秸秆超过4000万吨。据省发改委的报告,目前农作物秸秆的有效利用率为50%左右。也就是说,安徽省每年有2000多万吨的农作物秸秆得不到有效利用。其中大部分被露天焚烧,造成了严重的大气污染。秸秆焚烧已成为各级政府、农业科技工作者必须要面对、必须要解决的重大课题。

秸秆综合利用是发展循环经济、促进能源消费结构调整、转变经济增长方式、建立节约型社会的有效措施,也是从根本上缓解农村饲料、肥料、燃料和工业原料紧张状况,保护农业生态环境,减少空气污染,增加农民收入,实现社会经济可持续发展的有效措施。

近年来,在国家有关部门和各级政府的积极推动和支持下,秸秆综合利用取得了显著成果,秸秆还田、保护性耕作、秸秆快速腐熟还田、过腹还田、栽培食用菌等技术的推广应用,在一定程度上减少了秸秆焚烧现象。但是,秸秆综合利用仍然存在着利用率低、产业链短和产业布局不合理等问题。随着社会进步和科学技术的发展,综合利用农作物秸秆,化害为利、变废为宝已成为可能,这也是建设节约型社会和良性生态环境的趋势。

---

① 1亩约等于667 $米^2$。

1.秸秆的综合利用途径

秸秆是农作物收获后的副产品,人们往往看重粮食,忽视秸秆。目前秸秆的利用途径可以归纳为以下几个方面。

(1)作肥料 农作物秸秆中含有大量的有机质、氮、磷、钾和微量元素,是农业生产重要的有机肥源之一。秸秆可以用于直接还田、堆沤还田、过腹还田等,还可以用于制作生物肥料。施用生物肥料可以使土壤的团粒结构发生变化,保持土壤疏松的状态,促进土地生产良性循环,提高耕地的基础地力,有效缓解土壤板结问题。相关试验研究表明,目前用于生产肥料的秸秆量占全国秸秆总量的15%左右。

(2)作饲料 农作物秸秆是牲畜的主要饲料之一。秸秆的营养价值相当于谷物的1/4,具有较高的饲用价值。随着我国畜牧业的快速发展,饲料需求量不断增加,加剧了畜牧业对粮食饲料的依赖性。采用合理的加工手段,将秸秆转化为饲料,用于饲喂家畜,不仅可以有效缓解人畜争粮的矛盾,而且还能实现对秸秆资源的循环利用。秸秆既可作为饲料直接饲养家畜,也可以经过加工处理转化为具有较高营养价值的饲料饲养家畜。而且,秸秆经处理后可提高其营养价值和饲喂的利用率。目前,国内已开发出秸秆青贮、微贮、氨化、盐贮、碱化等饲料转化技术。

(3)作燃料 目前秸秆的主要用途是作为燃料。农作物秸秆的纤维素中绝大部分是碳,主要粮食作物小麦、玉米等秸秆的含碳量约为40%。秸秆中的碳使秸秆具有燃料价值,我国农村长期用秸秆作生活燃料就是该价值的体现。农村除了将秸秆用于燃烧外,还用秸秆经厌氧发酵生产沼气。1千克秸秆可以生产约0.35米^{3}的沼气,3~5米^{3}的沼气就可满足一个家庭一天的能源需要。沼气可供农村家庭取暖、做饭等生活所用,不仅可以缓解农村地区能源供应不足的状况,还可以满足农民对高品质能源的需求,提高广大农民的生活质量。

(4)作原料 农作物秸秆主要由纤维素、半纤维素和木质素三大部分组成。秸秆中的有机成分主要是纤维素、半纤维素，其次是木质素、蛋白质、氨基酸、树脂、单宁等。以纤维素为原料，利用微生物生产单细胞蛋白质是当今利用纤维素最为有效的方法之一。用农作物秸秆作培养基栽培多种食用菌就是该方法的实际应用。实践证明，利用稻秸、麦秸、玉米秸、油菜秸、花生壳等作主料可生产多种食用菌，如草菇、鸡腿菇、平菇、凤尾菇、榆黄菇、双孢蘑菇等，并且此技术已具有成熟的配方和生产工艺。另外，秸秆还可作为造纸的原材料，还有少量用于制作活性炭、餐盒、包装袋、隔音板等。据统计，作为原料使用的秸秆只占全国秸秆产量的3%左右。

2.安徽省秸秆资源综合利用现状

安徽省农作物秸秆资源以水稻、小麦、玉米、油菜、棉花、豆类和瓜菜薯类秸秆为主。据安徽省农作物的总产量、秸秆与籽实产量比估算，2008年，全省水稻秸秆约为1466.5万吨，小麦秸秆约为1401.5万吨，玉米、高粱秸秆约为384.4万吨，大麦、荞麦等其他谷物秸秆约为4.8万吨，豆类作物秸秆约为215.1万吨，薯类秸秆约为60.6万吨，籽用油菜秸秆约为420.8万吨，棉花秸秆约为62.7万吨，如图3-1所示。可见安徽省的主要农作物秸秆是水稻秸秆、小麦秸秆，分别占总量的36.6%和34.9%，其次是油菜秸秆和玉米秸秆，分别占10.5%和9.6%，其后依次为豆类秸秆、棉花秸秆、薯类秸秆。水稻秸秆、小麦秸秆、油菜秸秆三者占秸秆总量的82%左右，因此解决安徽省的秸秆问题主要是合理处理稻秸、麦秸和油菜秸。

据不完全调查，全省4000多万吨秸秆资源中，用作肥料进行还田的约为1000万吨，占秸秆资源总量的25%，用作饲料过腹还田的约为1000万吨，占秸秆总量的25%，即实现还田的秸秆约占秸秆总量的50%；用作燃料和工业原料的约为800万吨，占秸秆总量的20%；约有1000万吨秸秆被随意焚烧，200万吨秸秆被随意弃置，占

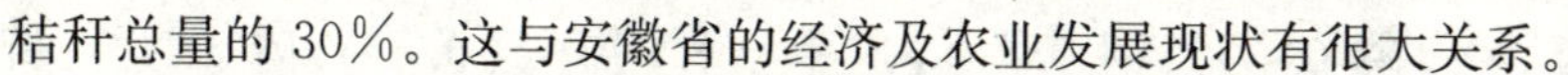

秸秆总量的30%。这与安徽省的经济及农业发展现状有很大关系。

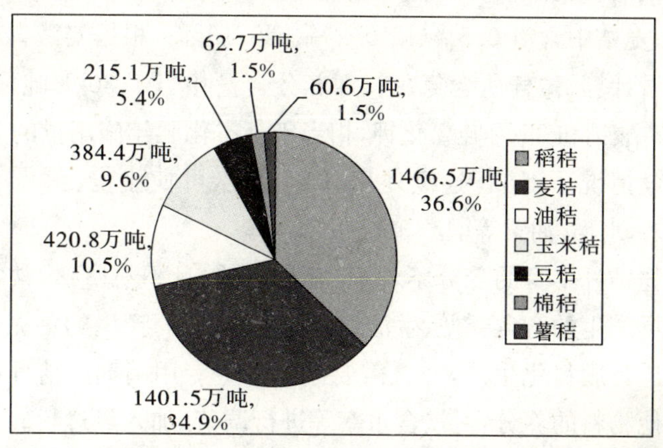

图3-1　安徽省不同作物秸秆资源状况

截至2008年年底，全省秸秆粉碎还田机和秸秆捡拾打捆机不足10000台，全省大中型拖拉机保有量为90225台，其中70%为50马力[①]拖拉机，而与机械化秸秆收集联合作业配套的拖拉机需要60马力以上，配套作业动力明显不足。由于缺少秸秆收集机械，秸秆便捷处理设施不配套，农民收集处理秸秆的难度大；秸秆综合利用成本高，秸秆处理附加值小、经济效益差，加工企业少而小，产业化程度低；秸秆综合利用新技术应用规模较小，尤其是适宜农户分散经营的小型化、实用化技术缺乏等因素，开始出现了地区性、季节性、结构性的秸秆过剩，再加上抢农时等问题，导致随意遗弃和露天焚烧秸秆现象严重。

二、秸秆有机肥

农作物秸秆是宝贵的生物资源和重要的工业原料，秸秆中含有大量的有机质以及氮、磷、钾、钙、镁、硫、硅等元素。据分析，水稻秸秆中含有机质78.6%、氮0.63%、磷0.11%、钾0.85%；豆秸中含氮

① 1马力约等于0.735千瓦。

1.3%、磷0.3%、钾0.5%;玉米秸秆中含氮0.5%、磷1.4%、钾0.19%;麦秸中含氮0.5%、磷0.2%、钾0.16%。根据安徽省现有的秸秆产量计算,秸秆所含氮、磷、钾养分含量相当于30万吨尿素、50万吨过磷酸钙和35万吨氯化钾,相当于全省化肥年施用量的30%以上。一般情况下,秸秆连续还田3年以上,可使小麦、玉米等增产5%~7%,水稻、油菜等增产3%~5%。

作物秸秆本身的养分不均衡、含量偏低,且不易腐熟,常常需配合养殖场产生的畜禽粪便、生活垃圾、污水处理厂产生的污泥等物料来共同进行肥料化生产,并且需要添加一些专用菌剂。秸秆用量要依据其他物料的养分含量、含水率等进行调节,加入经过粉碎加工的秸秆可以有效地改善发酵物料的碳氮比和含水率,从而更好地促进接种菌剂发挥作用。

1.秸秆有机肥的生产过程

秸秆肥料化生产是在一定的条件下,通过一定的技术手段,在工厂中实现秸秆腐烂分解和稳定,最终将其转化为有机肥的一种生产方式。一般在秸秆集中的地方建点设厂,方便秸秆的收集。

秸秆和畜禽粪便等混合而成的物料经过堆肥化处理,可以制成精制有机肥。生产过程主要包括原料粉碎混合、一次发酵、陈化(二次发酵)、粉碎和筛分包装等流程。精制有机肥现执行的行业标准为NY 525-2012。

原料粉碎是指先把秸秆用铡草机或铡刀切成3~4厘米长的小段,也可用粉碎机进行粉碎,但不要过碎。将粉碎好的秸秆和畜禽粪便等其他物料进行混合,其主要目的是调节原料的碳氮比。在堆制秸秆有机肥过程中,原料配比是提高肥效的关键,微生物生长活动最适宜的碳氮比为25∶1。因此,调节堆肥原料中的碳氮比是加速腐熟和提高腐殖质化系数的有效措施。

一次发酵(历时约10天)是整个流程的关键,其成功与否直接决

定产品的质量优劣。因此，需要在该过程中实时监测物料的温度、含水率、通气量等指标，以便有效控制堆肥进程和产品质量。该过程通常需要及时翻堆操作，翻堆次数为 4～5 次。对该过程中的翻堆处理要掌握“时到不等温，温到不等时”的原则，即隔天翻堆时，即使温度未达到限制的 65℃，也要及时进行翻堆，或者只要温度达到 65℃，即使时间未达到隔天的时数，也要进行翻堆。

陈化过程（历时 4～5 周）主要是对一次发酵的物料进行进一步的稳定化，期间需插通气孔，以提供微生物所需的氧气。陈化后的物料经粉碎筛分，将合格与不合格的产品分离，将前者包装出售，后者作为返料回收，送回一次发酵阶段进行循环利用。

2. 堆置腐解方法

(1)选好堆肥地点 传统的秸秆堆沤肥一般在夏、秋季高温时期，把秸秆堆积，采用厌氧发酵沤制。在一些地区，夏季农活相对较少，正好有时间多造肥。制肥场地可选择地势平坦、靠近水源的背风向阳处。可以利用地头、坑边或闲散地，将秸秆堆沤，按秸秆重量确定堆沤的面积。

(2)选择适宜的堆制方法 堆沤方法有平地式、半坑式、深坑式 3 种。堆沤时应将秸秆分三层堆垛成梯形状，其中，第一、二层层厚 50～60 厘米，第三层层厚 30～40 厘米，垛宽、垛高一般不小于 1.6 米。

①平地式。平地式堆沤法适用于气温高、雨量多、湿度大、地下水位高的地区或夏季积肥。堆沤前选择地势较干燥而平坦、靠近水源、运输方便的地点进行堆积。堆宽 2 米左右，堆高 1.5～2 米，堆长由材料数量而定。堆沤前先夯实地面，再铺上一层细草或草炭，以吸收渗下的汁液。每层厚 15～20 厘米，每层间适量加水、石灰、污泥、人粪尿等，堆顶盖一层细土或河泥，以减少水分的蒸发和氨的挥发损失。堆沤约 1 个月后翻捣 1 次，再根据堆肥的干湿程度适量加水，再堆沤 1 个月左右翻捣 1 次，直到腐熟为止。堆肥腐熟的快慢随季节

而变化，夏季高温多湿，堆肥 1 次约需 2 个月，冬季温度低，堆肥 1 次需 3～5 个月。

②半坑式。北方早春时期和冬季常用半坑式堆肥。选择向阳背风的高坦处建坑。坑深 0.7～1 米，坑底宽 1.5～2 米，长 3～4 米，坑底坑壁有“井”字形通气沟，沟深 15～20 厘米，通气沟交叉处立有通气塔。堆肥高出地面约 1 米，加入风干秸秆 500 千克左右，堆顶用泥土封严。堆后 1 周左右温度开始上升，高温期后，堆内温度下降 5～7℃，可以翻捣，使堆内上下里外均匀，再堆沤直到腐熟为止。

③深坑式。坑深约 2 米，堆肥全部在地下堆制，堆制方法与半坑式相似。

(3)确定适宜的肥堆大小 肥堆大时温度过高，肥堆小时发酵不够，都会影响堆肥的质量。一般要求堆成宽 3～4 米、高 1.5～2 米的长方体或半圆体，堆长根据材料数量和场地大小而定。当堆高达到预定要求时，压紧拍实，表面要盖土抹泥，以保水、保温、保氮，防止养分损失，又能加速发酵，缩短堆沤时间。

(4)适时倒堆，使其充分腐熟 夏季，不加腐解剂的肥堆一般封存 40 天左右，堆内温度可升到 50～60℃，等堆内高温阶段过后，可进行内外倒堆。腐熟的标准是“黑、烂、臭”，即秸秆变成褐色或黑褐色，湿时用手握之柔软有弹性，干时很脆，容易破碎。腐熟后堆体塌陷 1/3或 1/2。

秸秆沤腐的方法简单，在村头、田边均可沤制。利用自然坑或人工挖的坑，将秸秆和牲畜粪尿等堆积于坑中，然后加入一定量的水，使其在淹水条件下发酵分解。为使其腐熟快、肥效高，应满足以下条件：沤肥时要经常淹泡，切忌时湿时干；应加入适量的人畜粪尿，以降低碳氮比；适时翻倒，改善内部环境，从而促进微生物活动；做到坑底不渗漏、雨季坑面不漫水，防止养分流失。

三、秸秆还田技术

1.秸秆还田的作用

农作物秸秆综合利用中,秸秆还田是当前最主要的利用途径。秸秆还田是田中的微生物将秸秆分解成为小分子有机物或无机物的过程。秸秆还田具有许多有益作用。

(1)补充土壤养分,增肥地力　秸秆中含有的氮、磷、钾、镁、钙、硫等元素是农作物生长必需的主要营养元素。秸秆是数量多而又经济的肥料资源。作物秸秆中有机质含量为15%左右,氮元素含量为0.3%～0.6%。

(2)形成有机质覆盖,抗旱保墒　秸秆还田可形成有机质覆盖,具有抑制土壤水分蒸发、储存降水和提高地温等诸多优点。据测定,秸秆直接还田时,土壤的保水、透气和保温能力大大增强,吸水率可提高10倍,地温提高1～2℃;1亩鲜玉米秸秆(按1250千克计算)还田,相当于增施4000千克土杂肥,相当于增施碳酸铵18.75千克、过磷酸钙10千克、硫酸钾7.65千克。秸秆还田可使下茬作物平均增产10%～20%。

(3)降低病虫害的发生率　由于粉碎根茬时可以疏松和搅动表土,能改变土壤的理化性状,破坏玉米螟虫及其他地下害虫的寄生环境,故能大大减轻虫害,一般可使玉米螟虫的危害程度减少30%。

(4)促进微生物活动　土壤微生物在整个农业生态系统中具有分解土壤有机质和净化土壤的重要作用。有机物的合成由植物来完成,有机物的分解则由微生物来完成。秸秆还田给土壤微生物增添了大量能源物质,各类微生物数量和酶活性也相应增加;实行秸秆还田可使微生物数量增加18.9%,接触酶活性可增加33%,转化酶活性可增加47%,脲酶活性可增加17%。这就加速了有机物质的分解和矿物质养分的转化,使土壤中的氮、磷、钾等元素含量增加,土壤养分的有效性也有所提高。经微生物分解转化后产生的纤维素、木质素、多糖和腐植酸等胶体物，具有黏结土粒的能力，与黏土矿物质形成有机无机复合体，促进土壤形成团粒结构，使土壤容量降低，增加土壤中水、肥、气、热的协调能力，提高土壤保水、保肥、供肥的能力，改善土壤理化性状。

(5)改善土壤环境，改造中低产田 秸秆中含有大量的能源物质，秸秆还田后，土壤生物活性强度提高。随着微生物繁殖力的增强，生物固氮能力增加，土壤碱性降低，促进了土壤的酸碱平衡，养分结构趋于合理。此外，秸秆还田可使土壤容重降低 0.06%～0.2%，孔隙度增加 3%～7%，通气性提高，犁耕比阻减小，土壤结构明显改善。农作物秸秆粉碎还田，既可缓解化肥施用量不足的状况，又能获得化肥无法达到的效果，当年即可见效。据有关资料介绍，每亩粉碎还田作物秸秆 150～200 千克，下茬作物可增产 10%。

由此可见，秸秆还田可以有效增加土壤养分，特别是钾元素；可以提高土壤有机物含量，改良土壤结构，降低土壤容重，增加土壤孔隙度；可以保墒、调温，抑制杂草生长；可以改善土壤水、肥、气、热状况，优化农田生态环境，促进增产增收，提高农产品品质，实现农业的可持续发展。

2.秸秆还田技术

秸秆还田一般分为秸秆直接还田、堆沤还田、过腹还田等方式。

(1)秸秆直接还田 秸秆直接还田就是将农作物秸秆通过机械方式覆盖或翻盖在土壤层下，进行保墒、腐化生肥的技术。秸秆直接还田是目前主要的利用方法，采用秸秆还田机作业，机械化程度高，秸秆处理时间短，腐烂时间长。秸秆直接还田包括高茬还田、覆盖还田、整株还田、根茬粉碎还田、机翻粉碎还田等。

①高茬还田。对于高茬复播的田地，可根据土壤墒情、配套机具及生产条件等差异，因地制宜地采取旋耕覆盖复播、硬茬覆盖复播、

人工撒籽—旋耕覆盖复播等不同的操作方法。该技术优点：种植作物比较均匀，秸秆还田时也比较均匀，能提高秸秆还田的质量和效果；稻、麦秸秆还田期间，正值农事繁忙季节，而采取留高茬技术，可简化还田程序，延长作物生长时间，减少耕翻的工序，省工节能，能提高活化劳动和能源的效益。

②覆盖还田。该方法分为2种。第一种是人工覆盖还田方式。当作物生长到一定时期时(如小麦起身拔节前、玉米拔节前)，在作物行间覆盖粉碎秸秆。如小麦覆盖还田是指将小麦秸秆切成6～10厘米长的小段，在夏玉米、大豆、山芋的苗期，用粉碎秸秆覆盖作物行间，一般每亩用量为200～300千克。此法能减少土壤水分蒸发，有利于土壤保墒，且能使杂草减少50%～60%，可充分利用7～9月份高温多雨条件，促进秸秆腐解，既能供给玉米后期所需养分，又能为秋种提供肥源。第二种是留茬套种残茬覆盖方式。留茬套种是指在作物收获前15～20天将处理好的种子套种在行间，收割时留茬15～20厘米高，待夏播作物出苗后，刨茬1～2遍，根茬即可铺散于土壤表面。高留茬一般每亩可还田秸秆100～150千克。这种方式既减少了运输成本，又加快了脱粒速度，省工节能，且秸秆腐烂快，保墒保肥的效果较好，可获得较好的肥效。

③粉碎还田。平原地区可结合机械收割，尽量将秸秆切碎撒施，再翻压入土。机械化秸秆还田技术，就是在作物收获后，使用机械直接将收获后的秸秆粉碎翻埋或整秆翻压还田。该技术包括秸秆粉碎还田、根茬粉碎还田、整秆翻埋还田、整秆翻压还田等多种形式，可一次完成多道工序，便捷、快速、成本低，能及时处理大量秸秆，避免腐烂焚烧带来的环境污染。其核心技术是采用秸秆还田机械将秸秆直接还入田中，使秸秆在土壤中腐烂分解为有机肥，使大量废弃的秸秆直接变废为宝。

(2)秸秆堆沤还田　堆沤还田是一种传统的积肥方式，采用催腐剂或腐秆灵对秸秆进行堆腐，制成堆肥、沤肥，将制好的肥料施入土壤。有些植物秸秆带有病菌，直接还田时会传播病害，可采取高温堆制方式，以杀灭病菌。作物秸秆要用粉碎机粉碎或用铡草机切碎，一般粉碎后的秸秆长度为1～3厘米。将粉碎后的秸秆湿透水，秸秆的含水量为70%左右，然后混入适量的已腐熟的有机肥，拌均匀后堆成堆，上面用泥浆或塑料布盖严密封即可。过15天左右，堆沤过程即可结束。秸秆腐熟的标志为秸秆变成褐色或黑褐色，湿时用手握之柔软有弹性，干时很脆，容易破碎。腐熟堆肥可直接施入田块。但秸秆在腐熟的过程中，氮元素会有一定量的损失，并且费工、费时、占地，现在一般很少采用这种方法。此方法适合于晚稻秸、一季稻稻秸和秋玉米秸的处理。

(3)秸秆过腹还田　这是一种效益很高的秸秆利用方式。秸秆富含有机质，将秸秆作为粗饲料喂养动物，经过动物过腹消化后，排出的粪便可用于制作有机质肥料。这种方式既有利于发展畜牧业，又可改善农田养分状况，形成秸秆在家畜和农田之间的循环利用，是一种发展农村循环经济的有效方式。

3.秸秆还田注意问题

(1)秸秆还田的技术要求

①秸秆一般作基肥用。因为秸秆养分释放慢，若施用时间较晚，当季作物难以吸收利用其养分。

②秸秆数量要适中。一般秸秆还田量以每亩折干草150～250千克为宜，在秸秆数量较多时应配合相应耕作措施，并增施适量氮肥。

③秸秆粉碎要达到标准。粉碎后的秸秆长度应小于10厘米，并且要撒匀。如果不撒匀，则厚处很难耕翻入土，使田面高低不平，易造成作物生长不齐、出苗不匀等现象。对于秸秆还田的地块要用旋耕机作业一遍，使秸秆和土壤充分混合均匀。此外，还要用铧式犁将秸秆连同化肥、农家肥翻入10厘米以下的土壤层，以利于播种。

④配合施用氮、磷肥。新鲜的秸秆碳氮比较大，施入田地时，会出现微生物与作物争肥现象。秸秆在腐熟的过程中，会消耗土壤中的速效氮等养分。在秸秆还田的同时，要配合施用碳酸氢铵、过磷酸钙等肥料，补充土壤中的速效养分。

⑤施入适量石灰。新鲜秸秆在腐熟过程中会产生各种有机酸，对作物根系有毒害作用。因此，在酸性和透气性差的土壤中进行秸秆还田时，应施入适量的石灰，中和产生的有机酸。施用量以30～40千克/亩为宜，以防作物酸中毒，并能促进秸秆腐解。

⑥适时浇水。一般在秸秆还田后，应及时浇水，促进秸秆的腐解和养分的释放。水分充足是保证微生物分解秸秆的重要条件。秸秆还田后因土壤更加疏松，需要大量的水，故要早浇水、浇足水，以利于秸秆的充分腐熟分解。

⑦消灭病原体。带病的秸秆不能直接还田，否则易发生病害。带病秸秆最好经高温发酵腐熟后再还田，以防止病害的蔓延。

(2)秸秆还田常见的问题　若秸秆还田操作不当，就会出现出苗率低、苗黄、苗弱甚至死苗现象，造成减产，其原因主要有以下几个方面。

①碳氮比失调。秸秆本身的碳氮比为65∶1。而适宜微生物活动的碳氮比为25∶1。秸秆还田后，微生物在分解秸秆时与作物争夺土壤中的有效氮，造成土壤中氮元素不足。

②秸秆粉碎不符合要求。有的地块中粉碎后的秸秆过长，长度大于10厘米，不利于耕翻，影响播种。

③土壤大、小孔隙比例不合理。秸秆还田后，土壤变得过于疏松，大孔隙过多导致跑风，土壤与种子不能紧密接触，影响种子发芽，使植株扎根不牢，甚至出现吊根现象。

四、秸秆沼气生产技术

我国是世界上秸秆资源非常丰富的国家之一，每年产生约6亿吨秸秆，约3亿吨可作为能源材料加以开发与利用。秸秆燃烧值约为标准煤的50%，据此测算，3亿吨秸秆折合标准煤约1.5亿吨。建一座8米^{3}的户用秸秆沼气池，每年可转化秸秆1吨，建1万座户用秸秆沼气池，每年即可转化秸秆1万吨，折合标准煤0.5万吨。在当前煤、电、液化气等不断向农村普及的情况下，加快发展秸秆沼气，对于减轻农村地区对煤、电、液化气等能源的消耗和依赖意义重大。

中国农业资源和环境的承载力十分有限，发展农业和农村经济，不能以过度消耗农业资源、牺牲农业环境为代价。农村沼气把能源建设、生态建设、环境建设、农民增收有机结合起来，促进了生产发展和生态文明。发展农村沼气，优化广大农村地区能源消费结构，是中国能源战略的重要组成部分，对增加优质能源供应、缓解国家能源压力具有重大的现实意义。

1.秸秆沼气生产技术的优点

秸秆沼气生产技术是以农作物秸秆为主要发酵原料生产沼气的一种新技术，具有许多优点。

(1)有利于促进农业生产发展 建好沼气池后，大量畜粪便加入沼气池后，经发酵既可生产沼气，又可沤制出大量优质有机肥料，从而扩大了有机肥料的来源。对作物施用沼肥不但可增强其抗旱防冻的能力，而且可减少化肥施用量，有利于改良土壤、生产绿色无公害食品。

(2)有利于解决农村能源问题 一户3～4口人的家庭，修建一个10米^{3}的沼气池，只要发酵原料充足，管理得当，就能解决照明、煮饭的能源问题。沼气可减少标准煤的消耗，增加优质可再生能源供应，显著减少能源消耗，缓解国家能源资源紧张的压力，符合我国发展农业循环经济的理念。

(3)有利于推进农业结构调整 沼气池建设与维护可吸纳农村剩余劳动力，过去农民捡柴、运煤花费的大量劳动力就能节约下来用

于沼气池的管理。

(4)有利于保护生态环境 兴建沼气池能解决农民的燃料问题，也就能减少森林砍伐和对山场的破坏，有利于保护林草资源，减少水土流失，改善农业生态环境。

(5)有利于改善卫生条件，提供优质生活原料 沼气燃料时无烟无尘，清洁方便。一些粪便、垃圾、生活污水等都是沼气发酵的好原料。随着原料一起进入沼气池的病菌、寄生虫卵等，在沼气池中因密闭发酵而被杀死，从而可改善农村的环境卫生条件，对人畜健康都有好处。

2.沼气的主要用途

沼气除了提供农户生活炊事、照明用能外，农业生产上还能用于塑料大棚内增温和施放二氧化碳、幼禽和蚕房增温、孵禽、点灯诱蛾、贮粮、果蔬保鲜、发电、沼气热水器供能、沼气喷灯供能等。

(1)沼气可以用来保鲜水果和蔬菜 沼气的主要成分是甲烷，含量为60%～70%，还含有二氧化碳、一氧化碳、氮和少量硫化氢等气体。利用沼气保鲜果蔬，实际上就是利用沼气中高含量的甲烷、二氧化碳等气体。将沼气输入仓库而置换出空气，可造成低氧环境，使水果和蔬菜的呼吸强度降到最低限度，延缓新陈代谢过程，控制乙烯产生量，从而达到保鲜目的。沼气一般可延长水果上市期1～3个月，延长蔬菜上市期1个月左右。沼气储粮也是根据“气调储藏”这个原理，利用沼气含氧量低的特点，使粮仓中的害虫窒息而死。试验表明，用沼气储粮的除虫率可达到98.8%。利用沼气保鲜水果和储粮，具有保鲜(存)时间长、方法简单、操作方便、投资少、无污染、成本低、效果好等优点。综合开发利用沼气，对提高水果蔬菜附加值、增加农民收益具有十分明显的效果。

(2)利用沼气灯育雏鸡 1～2日龄雏鸡可光照23小时，3～4日龄雏鸡可光照22小时，4～7日龄雏鸡可光照20小时，以后光照时数逐渐减少。用沼气灯育雏的方法简单，投资小，效果好。但要注意通风换气，以防因废气过多而使雏鸡中毒。利用沼气灯作光源，可补充蛋鸡在产蛋期的光照时数。

(3)利用沼气灯杀灭害虫 沼气灯光的波长为300～1000纳米，利用多数害虫对330～400纳米的紫外光有趋光性的特点，可用沼气灯引诱害虫用于养鱼、养鸡、养鸭，一举多得。在距离鱼塘水面80～90厘米处吊沼气灯诱虫可喂鱼。在沼气灯下放置盛水盆，水面上滴少许食用油，当害虫大量拥来时会落入水中，被水面浮油粘住翅膀而淹死，可供鸡、鸭采食。

(4)增加温室大棚温度和光照 在温室大棚中点燃沼气灯、炉，燃烧释放的热量可提高大棚内温度和增加光照。大气中的二氧化碳占0.035%，而绿色植物需要的适宜浓度是0.1%。在气温较低的清晨点燃沼气灯，燃烧后排放出二氧化碳，可向大棚内的农作物供应“气肥”，在一定浓度范围内，可加强蔬菜的光合作用，促进增产。试验表明，燃烧沼气给温室大棚提供适量二氧化碳，可使黄瓜增产36%～69%，使菜豆增产67%～82%，使西红柿增产90%左右。

3.秸秆发酵制取沼气技术

秸秆发酵制取沼气的工艺流程为：粉碎秸秆→加水浸泡→加入碳酸氢铵和秸秆发酵菌剂→堆垛发酵→观察菌丝生长情况→装袋→码入沼气池→加入碳酸氢铵和沼气接种物→加水封池→放气试火。

按照《户用沼气池标准图集》(GB/T 4750-2002)建造8米^{3}的户用沼气池，制取沼气需要经过物理处理、一次发酵、二次发酵等3个技术环节。

(1)物理处理 用秸秆粉碎机将秸秆粉碎成1～3厘米长的小段，玉米秸秆要用具有揉搓功能的秸秆粉碎机进行粉碎。

(2)一次发酵(秸秆好气发酵) 将粉碎好的秸秆加水湿润，操作时边加水边翻动。最好用一部分腐熟的人粪尿兑水加入，要湿润均

匀，用力手握能渗水即可，湿润时间为24小时。用1千克绿秸灵和5千克碳酸氢铵（含氮量7.1%）加水300千克，混匀。碳酸氢铵溶化后，边翻动秸秆边泼秸秆处理混合液。充分拌匀，一般需要拌和2次。拌匀后，用力手握有少量渗水即可。注意地面要无积水，保证秸秆的含水量。将拌匀的秸秆收堆，堆宽1.2～1.5米，堆高1米左右，按照季节不同适当调节堆高，夏季天热堆高宜低，冬季天冷堆高宜高，并在料堆上用木棍扎孔若干个，孔与孔之间间隔0.3～0.5米，孔要扎到地面。添加接种物后，一般情况下，堆沤的秸秆先从扎孔处长出白色菌丝，菌丝逐渐遍及料堆。秸秆变成黑褐色即可入池。发酵时间为夏季约3天，冬季约7天。

(3)二次发酵(沼气厌氧发酵) 秸秆经堆制发酵后成为优良的沼气发酵原料，将其放入沼气池中，加水并封闭。在接种物的作用下，原料在沼气池中经厌氧发酵后即可源源不断地产出沼气。

秸秆经过发酵后，产气效率高，每立方米池容每日可产沼气0.15米^3；产气持续时间长，一次投料可连续产气180天；沼气燃烧的热值大，热流量可达10048.32千焦/小时。这些指标均达到国家户用沼气的有关标准，因此秸秆沼气是理想的生活用能。

4.沼气的使用

要使沼气池正常启动，首先要选择好投料的时间，然后准备好配比合适的发酵原料，原料入池后要搅拌均匀，加水并用盖板密封。一般沼气池投料后第二天，便可观察到气压上升，表明沼气池中已有气体产生。最初，要将产生的气体放掉（直至气压表指数降至零），待气压表指数再次上升时，在灶具上点火，如果能点燃，表明沼气池已经正常启动。如果不能点燃，按照上述方法重试一次。再不行时，则要检查沼气池的料液是否酸化或有无其他原因。经检查发现沼气池的密封性能符合要求且沼气能正常点燃即可投料。向沼气池投料时，应按要求根据发酵液浓度计算出用水量，向池内注入定量的清水，将准备好的原料先倒一半，搅拌均匀，再倒一半菌种，与原料混合均匀。按照此方法，将另一半原料和菌种倒入池内，充分搅拌均匀，将沼气池密封。

沼气发酵的适宜温度为 15～25℃。因而，在投料时宜选择气温较高的时候进行，北方地区宜在 3 月份准备原料，4～5 月份投料，等到 7～8 月份温度升高，有利于沼气发酵的完全进行，充分利用原料；南方地区除 5 月份可以投料外，也可在 9 月份准备原料，10 月份投料。超过 11 月份时，沼气池的沼气生成缓慢，同时，沼气发酵的周期会延长。宜选择中午时间进行投料。

5.秸秆沼气生产技术注意事项

(1)盖好池盖　沼气池主池口及进料口、出料口必须加盖。沼气池池口周围严禁堆放柴草，严禁燃放烟火，严禁用明火燃烧池内余气。

(2)防止堵塞进出料管口　原料袋放入沼气池时，进出料管口周围要留有空间，以防堵塞进出料管口。

(3)正确试气　严禁在沼气池导气管口或其他输气管口直接试气，应在灯炉具上试气、试火。检查漏气时，应用肥皂水检查，也可用试纸检查。方法是：用清水把硫化氢检测试纸浸湿，放在要检查的部位，如果漏气，试纸和沼气中的硫化氢会发生化学反应，使试纸变成黑色。

(4)防止漏气　严禁在室内放气。当室内沼气导管或灯炉具漏气时，严禁使用一切火种及电源开关。沼气灶不要放在柴草、油料、棉花、蚊帐等易燃品旁边，也不要靠近草房的屋顶。严禁易燃易爆物品靠近沼气导管和用具，特别是沼气灯上方，不能存放易燃物品。在关闭开关的情况下，如果闻到有臭鸡蛋气味（硫化氢气味），则说明沼气设备有漏气，而且漏气还比较严重，应尽快检查处理。要教育孩子不要在沼气池和沼气灶、沼气灯、开关、管道等附近玩火。

(5)检查开关　每次使用沼气前后，都要检查开关是否已经关闭。如果使用前发现开关没有关，则不能点火，因为这时候屋里可能已散发了不少沼气，一但遇上火苗，就可能发生爆炸或火灾。此时，应尽快关闭灶具的开关，打开门窗，熄灭室内所有火源，以防沼气爆炸。

(6)调节风门　在点火时如发现火苗发红变软，说明空气不足；如火苗急短或离焰，说明空气过量；通过调节风门使火苗呈蓝色稳定燃烧时，说明空气进量正好。

(7)装淋浴器　需要安装沼气淋浴器的用户，严禁将沼气淋浴器安装在洗澡间内，以免发生人身安全事故。

(8)安全出料　尽量不要下池出料，需要下池维护沼气池时，必须有专业人员现场指导。下池前，池内残留沼气一定要排尽，可用小动物进行进池试验。维修人员下池时必须系好安全带，池外须有专人看护，以确保池内人员安全。

第四章

绿肥的栽培与施用

绿肥是用作肥料的绿色植物体，可制作成含碳量高的有机肥料。凡是以作肥料为目的，为植物提供营养而栽培的或野生的绿色植物，无论是用于直接肥田还是间接肥田，均属于绿肥范畴。凡是栽培用作绿肥的作物都可以称为“绿肥作物”。

一、绿肥与绿肥作物

我国绿肥的栽培和利用有着悠久的历史。与其他有机肥相比，绿肥具有植物的一些特殊功能，如固氮性、解磷性、生物富集性、生物覆盖性和生物适应性。

1.绿肥在农业生产中的作用

绿肥除了具有与其他有机肥料相同的作用外，如增加土壤有机质和养分、改良土壤结构等，还有一些特殊作用。

(1)提高土壤肥力

①增加土壤氮元素来源。绿肥作物含氮量较高，一般为0.3%～0.7%，平均为0.5%。根瘤菌与豆科绿肥的共生固氮体系在自然界的氮元素循环中占有重要地位。所有栽培的豆科绿肥都有相应的根瘤菌与它们共生，在根际上形成大量的根瘤，并产生显著的固氮作用。一般认为，植物吸收的氮约有2/3来自于根瘤菌的生物固氮。

如果每亩将3000千克绿肥压入土壤，可使土壤净增氮元素约10千克，相当于21.7千克尿素。

豆科绿肥中的氮元素大部分可以直接或间接回归土壤中。因此，豆科绿肥的固氮作用为农作物提供了廉价的营养元素，对培肥地力、提高土壤生产力有重要的意义。

绿肥作物对磷、钾等矿物质养分有良好的富集作用。豆科绿肥的根系较发达，入土深，吸收能力强。草木樨能通过根系分泌有机酸，把土壤中根系不能吸收的部分非活性磷释放出来，变为可吸收的速效性磷，以供其本身生长的需要，从而使深层土壤的磷富集到表层，丰富耕层的磷元素营养。油菜和肥田萝卜的根也有很强的解磷作用，能把深层土壤的磷富集到表层来。荞麦、水花生等对钾元素具有较强的富集能力。有些绿肥作物对某些微量元素有特殊的富集能力，如云南光叶苕子植株干物质中锌的含量较高。

土壤中有极其丰富的钾元素，而绝大多数不能被农作物直接吸收利用。商陆科、菊科等富钾绿肥植物，能够通过根系以及根系分泌物把矿物质、土壤中难以利用的钾活化出来，以生物钾肥的形式归还土壤，从而提高土壤有效钾的含量。开发富钾绿肥是解决钾肥严重不足的有效途径之一。

②增加和更新土壤有机质。绿肥富含有机质，施用绿肥不仅可以增加土壤有机质含量，而且能更新土壤有机质，使土壤有机质的活性增强，从而提高土壤的供肥性和保肥性。

合理施用绿肥有利于土壤有机质的积累以及活化原有的有机质。绿肥经施入土壤后，产生矿化和积累两个完全相反的过程。矿化率越高则积累率越低。一般绿肥的易分解成分含量高，翻压入土后可使微生物活性增强，提高了有机质的分解率。当施入土壤中的绿肥积累的碳量大于损失的碳量时，就能使土壤有机质积累量有所增加。影响绿肥矿化积累的因素有很多，土壤、气候、水分、翻压量以及有机物的组分等都与其有密切的关系。一般情况下，气候较冷、土壤通透性差的地区，其有机质积累量要比气候较暖、土壤通透性好的地区高。因此，我国南方由于气温高、雨水充足，微生物活动旺盛，施入土壤中的绿肥矿化作用强，一般积累量要比北方少。但南方绿肥经翻压后，对维持有机质的平衡、改善有机质品质、提高土壤有效养分含量等，仍有特殊的作用。

③富集和转化土壤养分。绿肥作物根系发达，吸收难溶性矿物质养分的能力很强。豆科绿肥植物主根入土较深，可达 2～4 米，如紫花苜蓿的主根可长达 3.78 米，能将一般作物难以吸收的耕层以下的养分转移集中到地上部分，待绿肥翻耕腐解后，大部分养分又重新以有效态形式保留在耕作层中，从而丰富了耕层土壤的养分。

绿肥还能促进土壤微生物的繁殖，提高土壤中酶的活性。土壤是绿肥与微生物赖以生存的环境。在绿肥腐解过程中，土壤微生物的代谢产物和绿肥腐解的中间产物（如有机酸）可溶解土壤中的难溶性矿物质，从而增加土壤的有效养分。绿肥根系发达，总长度和表面积很大，与土壤有着广泛的接触。而在整个绿肥生长期间，根系进行旺盛的代谢活动，向土壤分泌各种无机盐和有机物。同时，在绿肥根系的发育过程中，不断有破坏的根冠、死亡的须根、根毛和表组织等，这些根系分泌物和有机残体都是微生物的重要营养来源。绿肥根区的温度比根外土壤温度高 1～2℃，根区土壤持水量比其他土壤持水量高 3%～5%，这也给微生物的生长繁殖提供了有利条件。

反过来，土壤微生物对绿肥的生长发育也有促进作用，主要反映在土壤微生物能把土壤中的有机质、含氮化合物以及有机质中的磷、钾、钙等元素分解出来。一些解磷、解钾微生物还能把土壤中难溶性磷、钾分解为速效性磷、钾，这些分解出来的营养元素可被绿肥根系吸收。土壤中广泛分布着多种类型的固氮微生物，有细菌、放线菌和藻类等，有自生的、共生的和合性共生的，它们和多种绿肥建立了共生固氮关系，从而丰富了土壤氮元素营养。

④加速土壤熟化，改良低产土壤。绿肥经翻压后，能为土壤提供

大量的新鲜有机质，形成腐殖质，加上绿肥根系具有极强的穿透、团聚和挤压能力，能促进土壤团聚体的形成，有利于土壤的熟化。

种植绿肥可以调节土壤的酸碱度和盐碱性。在酸性土壤上种植绿肥，能增加土壤有机质含量，提高土壤肥力，减少土壤板结，提高土壤的缓冲能力，减少土壤酸度的危害。在红壤土上种植绿肥后，土壤有机质和盐基交换量增加，容重降低，酸度和活性铝含量也降低。在盐碱土上种植耐盐性强的绿肥，能使土壤脱盐。在高盐土壤上种植田菁，是改良盐碱土的有效措施。由于茎叶覆盖抑制了盐分上升，根系穿透较深，故可改善土壤结构，促进土壤脱盐，使盐分含量降低，碱性也显著减弱。

(2)减少水土流失，改善生态环境　绿肥根系发达，枝叶繁茂、覆盖度大，对固沙、防止雨水冲刷、改善土壤通透性、增强蓄水保水能力、夏季降低土壤温度、冬季保温等都能起到良好的作用。在果园种植绿肥可以减少土壤温度的月变幅，有利于作物根系生长，还可以减少杂草的危害。在风沙大的荒沙地、沟渠坡边种植多年生绿肥，还有固沙护坡的作用。在我国西北荒漠地区，经常发生沙尘暴，种植绿肥可作为防止沙荒、改善环境的主要措施之一。如沙打旺绿肥，常作为改造沙荒、植树造林的先锋作物。绿肥植物还能绿化环境，减少尘土飞扬，净化空气。每亩绿肥植物每天能吸收约 60 千克二氧化碳，释放约 40 千克氧气。除此之外，绿肥植物还可以减少和消除悬浮物、挥发酚和多种重金属的污染。

(3)用绿肥作饲料，促进农牧结合　绿肥作物富含蛋白质、脂肪和多种维生素，是畜禽的优良青饲料。一般豆科绿肥干物质中的粗蛋白质含量高达 20%，是饲料用玉米粗蛋白质含量的 2～3 倍。在发展畜牧业的同时，利用牲畜粪尿作肥料，这样既能促进畜牧业的发展，又能增加优质有机肥的“过腹还田”，促进了农牧双丰收，可显著提高绿肥作物的经济效益。在轮作中合理安排绿肥牧草，利用各种空地建立人工草场，既能增加牲畜饲料，又能以植物残体与牲畜粪尿

提高土壤肥力，使农牧业迅速而均衡地发展。

有些绿肥植物可以作为医药或工业原料，发展绿肥生产还可以带动医药或工业的发展。如田菁所含的胶质在石油开采、食品加工和医药生产上均有广泛的应用。柽麻茎秆可用于剥麻，箭筈豌豆种子可以加工制作成粉条，不少绿肥作物的木质化茎秆可作为造纸原料和燃料。紫云英、紫花苜蓿、苕子等具有花期长、产量高、蜜质优良等优点，是很好的蜜源植物，可帮助人们通过养蜂致富，并促进养蜂业的发展。

2.我国绿肥的种类与分布

我国地域辽阔，植物资源丰富，多数植物无论是人工栽培的还是野生的，都能用作绿肥，因此绿肥的种类繁多。绿肥按栽培季节可分为冬季绿肥作物和夏季绿肥作物；绿肥按栽培年限长短可分为一年生或越年生绿肥作物、多年生绿肥作物及速生（短期）绿肥作物；绿肥按植物分类学可分为豆科绿肥作物和非豆科绿肥作物，其中常见的豆科绿肥作物有苕子、紫云英、紫花苜蓿、箭筈豌豆、草木樨、柽麻、田菁等，非豆科绿肥作物有十字花科的肥田萝卜和油菜，禾本科的燕麦和黑麦草，以及菊科的串叶松香草等；绿肥按来源可分为栽培绿肥作物和野生绿肥作物；绿肥按生长环境可分为旱生绿肥作物和水生绿肥作物。

绿肥的分布与生长具有强烈的地区性和严格的季节性。根据不同的耕作制度和土壤气候条件，我国绿肥作物的分布趋势是：在南方各省区，主要利用冬闲田栽种紫云英、苕子、黄花苜蓿、箭筈豌豆、肥田萝卜等。在水稻田可广泛放养细绿萍，在新开垦的红壤荒地、盐碱地上，主要利用作物换茬间隙种植夏绿肥，如田菁、柽麻、绿豆、饭豆、猪屎豆等。在秦岭、淮河以北及东北、西北各省区，主要种植一年生绿肥，如箭筈豌豆、草木樨、毛叶紫花苕、绿豆等。甘肃、新疆、陕西等省区常利用农田成片种植紫花苜蓿用作绿肥（紫花苜蓿在其他地区

多用于固沙护坡)。分布比较广泛的绿肥植物有紫穗槐、沙打旺和胡枝子等。

农牧业的发展推动了绿肥牧草品种的引种和选育工作,也逐步改变着栽培品种的分布状况,使各地绿肥作物栽培品种趋于多样化,这为扩大绿肥资源的利用提供了物质条件。根据各地生产实践,应根据土壤、气候、前后作物茬口和劳动力等条件,因地制宜地选择绿肥作物品种。提倡豆科绿肥作物和非豆科绿肥作物、一年生绿肥作物和多年生绿肥作物、冬季绿肥作物和夏季绿肥作物以及旱地绿肥作物和水生绿肥作物并用,发挥不同绿肥作物的优势,以扩大对绿肥资源的利用。

二、绿肥的栽培与施用

1.豆科绿肥的栽培与利用

豆科绿肥品种多、栽培面积大,不仅可以作为优良的肥料,还可以作为优质青饲料。豆科绿肥能够进行生物固氮,可为农作物提供氮元素营养,这对提高作物产量、促进农业发展具有重要的作用。下面分别从栽培及利用等方面对常见的豆科绿肥进行介绍。

(1)紫花苜蓿 紫花苜蓿又名"苜蓿"、"牧蓿",为多年生豆科植物。紫花苜蓿是古老的牧草绿肥作物,有"牧草之王"的美誉,原产于中亚细亚高原干燥地区。我国是世界上种植紫花苜蓿较早的国家之一,汉朝使节张骞出使西域归国时将苜蓿种子带回我国,种于长安。以后苜蓿普及到黄河流域以及西北、华北、东北等较干燥的地方,在淮河以南地区有零星分布。

苜蓿生长年限为10～20年,初产期在播种后的2～4年,盛产期可达6～7年。苜蓿在盛产期的鲜草产量为3000～6500千克/亩,种子产量约为50千克/亩,是有重要价值的牧草绿肥作物。

苜蓿鲜草、干草可作为牧草、饲草。苜蓿花期长,是我国主要的蜜源植物之一。苜蓿对一些以土为传播媒介的病菌有抑制作用，如棉花枯萎病菌一般在土壤中能存活几十年，但只要连续3年种植苜蓿后再倒茬种棉花，就可以大大地降低枯萎病的发病率。

苜蓿喜温、抗寒、耐旱、不耐渍，种子发芽的温度不能低于5℃。幼苗能耐－6℃的低温，植株能耐－30℃的低温。苜蓿耗水量大，且根系发达，可以从土壤深层吸取水分，因此，苜蓿具有很强的抗旱能力，可在年降雨量为200～300毫米的地区生长。苜蓿的适宜年降水量为650～900毫米，雨水过大会造成生长不良。苜蓿对土壤条件要求不严格，在含盐量0.3%以下、pH为6.5～8.0的钙质土壤中能很好地生长。

苜蓿种子在播种前需进行碾磨，使种皮破裂，以利于吸水。苜蓿的播种期较宽，各地时间不一，但有几点需要注意：春季播种时要注意防旱；夏季播种时要防止杂草对苜蓿产生影响；秋季播种时宜早不宜迟，保证出苗整齐，使株高为10～15厘米，则可以安全过冬。苜蓿种子成苗率只有50%左右，播种量点播时为0.25千克/亩，条播时为0.75千克/亩，撒播时播种量要增加到1千克/亩。苜蓿苗期生长缓慢，最好与其他作物间播、套播、混播，利用前作荫蔽条件度过苗期。在播种前接种根瘤菌、拌施钼肥，有利于苜蓿根系结瘤，施用磷肥可使其增产效果持续2～3年。草质好、产量高的初花期是苜蓿收割的最佳时期，收割时间宜早不宜迟，要保证苜蓿在越冬前生长到10厘米以上。

苜蓿作为绿肥压青时产量一般为500～750千克/亩，产量高的地块还可以收割一部分苜蓿茎叶用于异地还田或作为饲料。

苜蓿的根系发达，可以显著地改善土壤的物理性状，播种的当年每亩鲜根产量可达150千克，3～5年后每亩鲜根产量可达3000千克。因此，苜蓿可作为重要的轮作倒茬养地作物和水土保持作物。

(2)柽麻　柽麻又称“太阳麻”、“菽麻”、“印度麻”，为豆科野百合属植物。柽麻原产于热带和亚热带地区，适种范围较广，在我国陕

西、河南、安徽、湖北、江苏等地广泛种植。柽麻苗期生长比较快，产草量高，是优良的速生绿肥品种之一，可以在各种茬口上进行间种、套种。

柽麻茎秆的韧皮组织坚韧、纤维含量高，碳氮比高于一般的豆科植物。根据全国有机肥料品质分级标准，柽麻属于二级有机肥。

柽麻初花期草质较柔软，适宜收割作饲料用，在西北、华中地区很多地方有用柽麻茎叶喂牲畜的习惯。柽麻饲料成分与草木樨、紫花苜蓿相似。柽麻的嫩枝叶可作为肥料、饲料，茎秆可用于剥麻。

柽麻喜温暖湿润气候，在12～40℃时均能生长，不耐渍，种子的最低发芽温度为12℃，最适发芽温度为20～30℃。柽麻对土壤的适应范围较广，能耐寒、耐贫瘠、耐酸和碱，宜在pH为4.5～9.0、含盐量小于0.3%、排水良好的沙质土壤中生长。

柽麻的全生育期在4个月以上，分早熟、中熟、晚熟3个类型，北方多种早熟型，南方多种晚熟型。柽麻可以春播、夏播或秋播，播种量为3～5千克/亩。春播、秋播和土质黏重的土地要适量多播，夏播和沙质土地可少播，若作绿肥用要多播，留种用宜少播。留种用的柽麻要适时播种，华南地区可在6月中上旬播种，安徽、江苏及华中一带在5月中下旬播种，以利于避开豆荚螟危害。为减少枯萎病危害，播前可用58℃温水或0.3%甲醛溶液浸种30分钟。柽麻对磷肥的需要量较大，一般每亩用50千克磷肥作基肥，有利于提高产量。

柽麻的主要病害是枯萎病，主要虫害是豆荚螟，一年可发生4～5代，应及时防治。同时要适时割青、打顶，保证营养集中供应，注意调节养分和水分，减少落花、落蕾、落荚的发生。

柽麻适合在多茬口套种、间种和短期播种。柽麻在棉田套种可作为棉花桃期肥料；在麦后或早稻后茬口增种柽麻可作为晚稻或小麦底肥；在果、桑、茶园种植柽麻，可以增肥和遮阳。

柽麻出土1周后就可以形成根瘤。单株最大氮、磷积累高峰在花期到初荚期，钾累积量在花期到盛荚期最多，适时收割压青有利于提高肥效。

柽麻生长快，生育期短，花期长，根量较大，一年可收草2～3次。柽麻纤维多，较难腐烂，作稻田绿肥用时宜在插秧前30天截短后压青，每亩压青750千克左右，一般可使水稻增产30～40千克/亩。

(3)紫云英 紫云英又名“红花草”、“莲花草”、“燕子花”，是豆科黄芪属一年生或越年生草本植物。紫云英原产于我国，早在明清时期就有种植。紫云英具有耐湿、耐迟播、生育期短、产量高、草质好、花期长等特点，不仅是主要的冬季绿肥作物，也是重要的饲料和蜜源作物。紫云英养分丰富，特别是氮元素含量较高，是肥饲兼用的优良绿肥品种。根据全国有机肥料品质分级标准，紫云英属于二级有机肥。

紫云英喜湿润，怕渍水，较耐阴，不耐盐碱，耐瘠性较差，在含水量为24%～28%、pH为5.5～7.5的较肥沃壤质土上生长良好。紫云英有130多个品种，生育期长短不一，因花期类型和气温而异。

紫云英以秋播为主，北方可春播，要适时早播、匀播。播种期因气候、地区、茬口安排而异。在陕西、河南、苏北、皖北地区，秋播在8月中旬至9月中上旬进行；在长江中下游地区，秋播时间为白露到秋分前，迟播的在11月上旬；两广地区的秋播时间为10月中旬至11月上旬，春播在日平均气温升到5℃以上时进行。单播的播种量为1.5～4千克/亩，迟播的播种量稍大，肥水条件好的地块的播种量适当减少，混播的播种量为单播的60%，留种田要适当疏播。在长江流域及南方地区，利用稻底播种，收获水稻时留30厘米以上禾茬，种子利用水稻作荫蔽，吸水萌发，可延长生长期，提高产量。在双季稻地区，也可采取耕田迟播方法，即收晚稻后再犁田播紫云英，注意加盖稻草保湿，或与小麦、油菜、蚕豆等混播，这样可提高水稻产量，解决紫云英立苗困难、生长不良等问题，也有利于改善土壤理化性状；紫云英种子蜡质多，播前要用沙子擦种，以利于种子的萌发；在新植区须拌根瘤菌，在基肥中增施磷、钾肥。

水分是紫云英增产的关键因素，要开好排水沟，做到湿田发芽、润田出叶、渍水浸芽、避免连作，以减轻病虫害。留种田最好连片种植，宜选择排灌方便、肥力中等以上的田块。有条件的地方，可选旱地留种。注意防治菌核病、白粉病、轮纹斑病和蚜虫、蓟马、潜叶蝇、地老虎等。

紫云英种子播后半个月，根瘤变成粉红色，则说明具有固氮能力。紫云英返青后固氮能力急速增加，一直增加到初花期，以后呈下降趋势。因此紫云英盛花期含氮量最高，是翻沤的最佳时期，一般在插秧前 20 天左右翻压，压青量为 1000～1500 千克/亩。对于生长较好的紫云英，可在枝茎叶伸长期收割一次青草作饲料，收割高度以离地面 3～4 厘米为宜，收割后花期和成熟期一般推迟 5 天左右，因此宜选用早发性好、再生力强的品种。紫云英与禾本科植物秸秆和化肥配合施用，有利于积累土壤有机质、提高化肥利用率。

(4)箭筈豌豆　箭筈豌豆又名“大巢菜”、“野豌豆”，是豆科巢菜属一年生或越年生草本植物。箭筈豌豆原产于欧洲及西亚，栽培历史悠久。因其适应性强，箭筈豌豆广泛分布于世界温暖地区，在南北纬 30°～40°之间分布较多。

箭筈豌豆和苕子同属，但箭筈豌豆鲜草中氮、磷、钾及各种中量元素和微量元素含量均比苕子要高，干物质中养分含量比紫云英稍低。根据全国有机肥料品质分级标准，箭筈豌豆属于二级有机肥。箭筈豌豆具有迟播丰收、宜割性好等特点，是粮肥多用的绿肥品种。箭筈豌豆在北方除作绿肥外，还可以收草作饲料或收种子。种子可加工成豆制品。箭筈豌豆白色种皮的种子可供食用，其他色型的种子含氰氢酸，必须经过处理，使其含量达到国家安全标准才可食用，否则对人畜有害。去毒的办法有浸泡稀释法和加热煮熟法，浸泡时间根据水和种子的比例而不同，一般为 6～72 小时。

箭筈豌豆喜凉，抗冰雹，耐寒，耐贫瘠，不耐湿，不耐盐渍。种子发芽最低温度为 4℃，最适温度为 20～25℃，日均温度大于 25℃时生长受抑制;能耐受短暂霜冻,在－8～－7℃时开始枯萎,适宜在 pH 为 6.5～8.5 的土壤上种植。

箭筈豌豆具有陆续开花结荚的特点。开花适宜温度因品种而异,一般为 15～17℃。花后 3 天左右结荚,结荚到成熟需 28～40 天,结荚率高达 75%,以单荚为主。

按生育期不同,箭筈豌豆可分为早熟型、中熟型和晚熟型。在长江以南地区,多选用早熟、中熟品种;在淮河流域、皖北、苏北地区,多推广耐寒的品种;北方及西北一带因复种指数低,一般推广生育期稍长、耐旱、耐寒、耐阴的品种。

箭筈豌豆耐寒喜凉,适宜于在年平均气温 6～22℃的地区种植。其播种期较长,南方多在秋、冬季播种,北方多在夏季播种,长江中下游地区秋播一般在 9 月下旬至 10 月上旬,靠南的地区可适当延长至 11 月上旬;江淮一带春播在 2 月下旬至 3 月初;北方地区春播通常在 3 月初至 4 月上旬。留种用的箭筈豌豆播种量为 1.5～2 千克/亩,收草、作绿肥用的箭筈豌豆播种量为 3～6 千克/亩。箭筈豌豆可以单播也可以与主作物间播、套播、混播。箭筈豌豆在平原地区多作短期绿肥,在荒地与其他作物以水平带状间作、套作。在南方稻区多与中、晚稻套种或收稻后翻田迟播。播种时最好先整地,注意防旱、防渍、增施磷肥。箭筈豌豆在旱地留种比在水田留种好,要注意设立高秆作物,以利于其攀缘结荚,当有 80%～85%种子变黄时即可收获。箭筈豌豆的病虫害较少,常见的虫害有蚜虫。

箭筈豌豆根瘤多且结瘤早,在 2～3 片真叶时就能形成根瘤,苗期就具有固氮能力。固氮高峰期因播期不同而异,秋播的在返青期,春播的在伸长期。箭筈豌豆花蕾期的固氮能力明显下降,花期的根瘤自然衰老,肥用最佳时期为花期至青荚期。箭筈豌豆播后 70 多天每亩可收鲜草 400～600 千克,整个生育期每亩可收鲜草 1000～2000 千克、种子 30～80 千克。箭筈豌豆具有迟播丰收的特点,便于多熟制地区作物茬口的安排,也是干旱地区有价值的肥饲兼用绿肥作物。

(5)苕子　“苕子”是豆科巢菜属多种苕子的总称，为一年生或越年生草本植物，其栽培面积仅次于紫云英和草木樨。苕子植株中比紫云英含有更多的磷和钾。根据全国有机肥料品质分级标准，苕子属于二级有机肥。苕子的枝叶柔嫩，营养丰富，嫩苗可作蔬菜食用，茎叶可作青饲料，茎叶晒干粉碎后可作干贮饲料。

苕子种类较多，主要有三大类：蓝花苕子、毛叶苕子、光叶苕子，各类苕子在特征、特性、产量上有较大差异。

蓝花苕子，又名“蓝花草”、“草藤”、“肥田草”、“苦豆”，原产于我国，主要分布在长江以南雨量充沛的西南、华南一带。蓝花苕子具有耐温、耐湿、抗病性强、生育期短、产量稳定等特点，鲜草产量为1800千克/亩左右。

毛叶苕子，又名“毛叶紫花苕”、“茸毛苕”、“毛茸菜”、“假扁豆”。毛叶苕子具有耐寒、耐瘠、再生能力强、鲜草产量较高等特点，主要分布在黄河、淮河流域，分为早熟种、中熟种、晚熟种，鲜草产量为3000千克/亩左右。

光叶苕子，又名“光叶紫花苕子”、“稀毛苕子”、“野豌豆”。光叶苕子具有根系发达、分枝多等特点，但抗逆性较差，一般应用较多的是一些早熟品种。光叶苕子在云南、贵州、四川三省及鲁南山区栽培较多，鲜草产量为2000千克/亩左右。

苕子是冬性作物，喜温、耐湿，有一定耐寒、耐旱能力。种子发芽的最适温度为20℃，生长的适宜温度为10～17℃，15～23℃的条件有利于开花结荚。苕子花多、荚少，落花、落荚的情况严重，成荚数只有开花数的10%左右，尤以光叶苕子的成荚率最低。毛叶苕子和光叶苕子可在pH 4.5～9.0的土壤上生长，适宜生长pH为5.0～8.5。蓝花苕子对土壤的适应性较光叶苕子差。光叶苕子较耐旱，但当土壤含水率低于10%时，会出现出苗困难现象，含水率为20%～30%时生长较好，含水率大于35%时会引起渍害。蓝花苕子的耐湿性高于毛叶苕子，土壤含水量占最大持水量的60%～70%时生长良好，土壤含水率大于80%时会产生渍害。

苕子可单种也可混播，旱地留种播种量为1.5～2千克/亩，水田播种量为3千克/亩左右；作绿肥用的苕子，播种量适当加大，一般为5千克/亩；南方秋播的播种量宜少，北方春播的播种量适当加大。在长江流域以南播种期为10月上旬，南方地区可在11月上旬播种，黄淮海一带宜在8月中旬至9月上旬播种，陕西一带在7月下旬至8月中旬播种，西北地区春播在4～5月份。播种时要拌根瘤菌并施磷肥，苕子与蚕豆、豌豆同属，种过蚕豆、豌豆的田块可不用拌根瘤菌。

苕子的耐酸性、耐盐碱性、耐旱性、耐瘠性稍强于紫云英，耐湿性比紫云英弱。在开花结荚期，必须有干燥天气，苕子才能正常结籽。苕子的生育期比紫云英长，成熟晚，春播往往不能结籽。苕子喜湿怕渍，花期多遇阴雨天气，因此落花落荚严重，种子产量低而不稳定。留种田块宜选地势较高、排灌条件较好的田地。注意适时早播、稀播，设立支架作物，避免重作，以减少病虫害；还要防治叶斑病、轮纹斑病、白粉病及蚜虫、潜叶蝇、蓟马、苕蛆等病虫害。

秋播苕子草、种产量比春播苕子高，其茎叶产量与根产量之比为3.5∶1左右，若以鲜草产量为2000千克/亩计，每亩苕子残留在土壤中的鲜根量约为550千克。苕子在生长期间有向土壤中溢氮的现象。在苕子根茬地种植作物有明显的增产效果。

苕子花期的肥饲价值较高，是收获的最佳时期。苕子用作稻田绿肥时，一般在水稻插秧前20天左右压青，每亩压青量为1000～2000千克。苕子植株的碳氮比低，易分解，不少地方将苕子与小麦或其他禾本科绿肥混播，或在稻田中留高禾茬播种，用于调节碳氮比，以利于土壤中有机质的积累。

(6)田菁 田菁又称“咸菁”、“涝豆”、“花香”、“柴籽”、“青籽”，为豆科田菁属一年生或多年生草本植物。田菁原产于印度一带，广泛分布在东半球的热带、亚热带地区。田菁属植物有50多种，我国栽培较多的是普通田菁。由于田菁株型高大，不适合作稻田绿肥种植，

目前主要用于改良盐碱地和兼作工业原料，主要分布在河南、山东、江苏、河北等省。

田菁具有固氮能力强、生育期短、产量高、耐盐碱、耐涝渍等特点。田菁的鲜草折干率高，鲜草含干物质将近 30%。田菁干草中含养分不算高，但鲜草含氮量较高。根据全国有机肥料品质分级标准，田菁属于三级有机肥。

田菁喜高温，喜湿，喜光，耐旱。种子发芽的适宜温度为 15～25℃，温度低于 12℃时不发芽，20～30℃时生长速度最快，种子发芽吸水量是种子重量的 1.2～1.5 倍；田菁苗期不耐旱、不耐涝，随着根系伸长，三叶期时，根茎外产生海绵组织并长出水生根，使其有较好的抗旱耐涝能力。田菁适宜在 pH 为 5.5～7.5、含盐率小于0.5%的土壤上种植。

田菁按其生育期的长短，可分为早熟型、中熟型、晚熟型。早熟型植株矮小、紧凑，在华南地区全生育期为 100 天左右；中熟型田菁分布于西南地区，全生育期为 130 天左右；晚熟型植株高大，株高 2～3 米，分枝多，全生育期在 150 天以上，产量也随生育期的增加而增加，少则 1000～2000 千克/亩，多则可达 4000 千克/亩，种子产量也随之增加。

根据田菁的用途可确定其播种时期和播种量。若作留种用，多为春播，一般在 4 月中下旬播种，争取早播早出苗，增加种子产量；作绿肥用时播种期在 6 月中旬。留种用时每亩播种量为 2 千克，作绿肥用时播种量要多一些。田菁主要有以下几种种植方式：田菁可作为改良盐碱土壤的先锋作物，如江苏沿海地区，在春繁细绿萍田内寄种田菁，建立地面植被覆盖，抑制返盐，再确保田菁全苗，入秋后采用浅耕、免耕、混播冬绿肥，经过二旱一水的绿肥种植，再过渡到粮、棉、绿肥间作套作耕作制，起到改良盐碱地的作用；利用夏闲地、荒地、沟渠路边种植田菁，作为秋播作物的基肥，如四川的稻—田菁—麦（油菜）和麦—田菁—稻耕作制，或秋季在冬水田增种田菁；在主作物当季或两季作物的空隙间进行间作、套作或移栽田菁，作为共生粮食作物如玉米、水稻等的追肥或后季作物的基肥。

田菁种子含蜡质，种皮厚，不易吸水，播前必须对种子进行处理。可用开水2份、凉水1份混合后浸种3小时，或用60℃的热水浸泡种子20分钟，然后用凉水浸泡24小时，在草包中催芽，待种子露白后播种。或在播种前晒种，并将种子拌入少量谷壳、河沙，放入碓窝内捣15分钟，用凉水浸4～8小时，再用泥浆拌磷、钾肥裹种。田菁的耐盐能力有限，在盐碱地上种植田菁，特别是苗期，仍然要注意合理灌水、开沟，以减轻盐害，获得全苗。田菁属于无限花序植物，种子成熟期不一致，采用打顶和打边心的措施，可控制植株养分分布，使养分相对集中，种子成熟趋于一致。

蚜虫是为害田菁的主要害虫之一，一年可发生几代，在干旱的气候条件下虫害较严重；在南方田菁易受斜纹夜蛾为害；卷叶虫害多发生在花期或生育后期；在南方7～8月份易感染疮痂病，应及时防治。寄生于田菁的有害植物菟丝子，严重发生时影响田菁生长，一旦发现，应及时将被害植株整株剔除，以防菟丝子蔓延。

田菁的宜割性好，再生能力强，春播的一年可收割2～3次，第一次在6月底，第二次在8月份。收割时留茬高度以0.3～0.5米为宜，收割后薄施追肥有利于再发新枝。田菁根量大，在田菁旺长期，耕层土壤水解氮含量比不种田菁的增加25%，可见田菁对改善土壤理化性状、保持和提高土壤肥力都有明显效果。田菁含纤维量较其他豆科作物多，碳氮比也较高，但仍然较易分解，翻压后1个月左右氮元素养分出现第一个释放高峰，若作小麦基肥，冬前可减少氮元素化肥用量。在小麦拔节期需合理施用适量氮元素化肥，才能满足小麦后期需要。据资料显示，第一茬小麦对田菁的氮元素利用率为26%，第二茬小麦对氮元素利用率为8.8%，余下部分氮元素多数残留于土壤中，对保持土壤肥力有较好的作用。

田菁枝叶繁茂，覆盖度大，可减少地表水分蒸发，在盐碱地种植

的田菁根系发达。土壤疏松也有利于盐分的淋溶。田菁棵间蒸发量仅为空旷地的31%，棵间土壤渗透系数为空旷地的1.7倍。在种植田菁后，10～20厘米深处的土层中盐分含量下降10%～15%。

豆科绿肥作物的含氮量高于其他绿肥作物，在利用上，多采用饲用和肥料兼顾的方式。豆科绿肥作物营养丰富，养分含量较高，多用于青饲料、青贮或制成干草、干草粉，用来喂养家畜、家禽，再利用其排泄物作肥料，这就是“过腹还田”的利用方式。豆科绿肥作物用作肥料时可采用直接翻压作基肥的方法。间种、套种的绿肥也可就地掩埋，作为主作物的追肥。此外还可采用沤制的方法，将绿肥与河泥等混合堆沤，绿肥沤制后施用的肥效较好，同时又能避免绿肥立即翻压可能引起的危害。

2.非豆科绿肥的栽培与利用

(1)肥田萝卜　肥田萝卜又称“满园花”、“茹菜”、“大菜”、“萝卜菜”、“菜花”、“苦萝卜”、“萝卜青”，为十字花科萝卜属一年生或越年生作物。肥田萝卜在红壤、黄壤等酸性土壤上广泛种植，能与紫云英、油菜等混播。

肥田萝卜鲜草中养分含量丰富，根据全国有机肥料养分分级标准，肥田萝卜属于二级有机肥。肥田萝卜除用作绿肥外，在其幼嫩时可作为蔬菜食用，抽薹结荚前可供饲用，做成青饲或青贮均可。

肥田萝卜喜温暖湿润的环境，适应性较强，也耐旱、耐贫瘠，发芽最低温度为4℃，0℃以下叶部易受冻害，但在春季到来后仍能恢复生长。肥田萝卜对土壤条件要求不严，在pH为4.8～7.8的沙壤土和黏壤土上均能生长。它对难溶性磷的吸收利用能力强，能利用磷灰石中的磷。肥田萝卜苗期生长快，但再生能力弱。肥田萝卜栽培技术包括以下步骤。

①播种及管理。播前精细整地，开沟排水。肥田萝卜的适播期为9月下旬至11月中旬，过早播种易受虫害和冻害。与晚稻田套种

时，在水稻收割前10天播种较好。播种量为0.5～1千克/亩，可条播、穴播和撒播，用磷肥或灰肥拌种，在春季可用少量氮肥作基肥。雨季要注意清沟理墒，以防发生根腐病而死亡。肥田萝卜的虫害有蚜虫、剜心螟等，须治小、治早。

②留种。留种田以旱田为主。留种栽培宜选用抗逆性强、产量高的品种。留种田附近最好没有或少有其他十字花科植物，选择地势较高、干燥、排水良好的田地，适期早播。每亩播种量为0.4～0.45千克，保持每亩有1.5万～2.5万棵苗。抽薹开花期时打掉下部侧枝，促进通风透光，有利于结实。中下部果角呈黄色时即可收割、晒干、脱粒，适时迟收比早收有利于种子成熟。

肥田萝卜具有耐酸、耐瘠、生育期短、对土壤中难溶性磷钾等养分利用能力强等特点。一般每亩产鲜草2000～3000千克，在红壤、黄壤地区长期作为冬绿肥种植。肥田萝卜作稻田绿肥时应提前1个月翻压，并适量增施速效氮、磷肥；在旱地压青，应截短后深埋10～15厘米。

(2)油菜 油菜为十字花科芸薹属一年生或越年生作物，有若干个品种。因其类型不同，而有不同的名称，如白菜型的称作“甜油菜”、“白油菜”、“油菜白”，芥菜型的称“辣油菜”、“苦油菜”、“麻菜”、“臭油菜”、“高油菜”、“大油菜”。

我国种植油菜有2000多年的历史。现在油菜作为油料作物已经在南北方广泛种植，全国可分为冬油菜区和春油菜区。冬油菜区主要在长江流域及其以南各省区，主要分布在四川、贵州、江苏、浙江、安徽、湖南、湖北、江西、云南等地，种植面积约占全国油菜种植面积的90%。春油菜区主要是西北及华北地区，包括青海、西藏、新疆、内蒙古、甘肃等地，种植面积占全国油菜种植面积的10%左右。

油菜中氮含量比紫云英稍低，但磷、钾含量较高。根据全国有机肥料品质分级标准，油菜茎叶属于二级有机肥。500千克油菜种子可产油30～35千克，产油菜饼65～70千克，油菜饼是优质的有机

肥料。

油菜喜温暖湿润气候，种子无休眠期，发芽适宜温度为16～20℃，最低温度为2～3℃；最适土壤水分含量为土壤最大持水量的30%～35%。在适宜条件下，播种3～4天可出苗。当日平均温度为12℃时，7～8天可出苗。油菜在土壤pH为6.5～7.5的沙土、壤土或黏壤土上生长发育最好。多数油菜品种的抗病虫力弱，尤其是白菜型。

油菜可直接播种，也可育苗移栽，用作绿肥的多为直播。在直播中，是单播还是间种、套种、混种，因其使用目的不同而异。单播时需要整地后播种。整地时要保证土面细碎平整，沟畦分明，排水沟、管理道畅通；播种方式有点播、条播和撒播。沤青的油菜，每亩播种量为0.25～0.3千克，播后需用农家肥、碎土覆盖1～2厘米厚。间作、混作、套作方式在南北方各有不同，南方常与红花草、苕子等混作，华北采用油菜与小麦、玉米、棉花间作或套作。间作、套作的油菜，每亩可收获油菜青体1000～1500千克，适宜间种、套种的品种和类型为产量高、植株大、生长快的甘蓝型或白菜型油菜。

油菜栽培管理有3个关键技术：施肥、排灌和防治病虫害。油菜全生育期需肥最多的时期为苗期和抽薹开花期，该时期氮、磷、钾吸收量占全部吸收量的45%，因此，应注意苗期和抽薹期的施肥。北方少雨地区及南方苗期应注意防旱、保墒，南方抽薹后期要防涝。油菜的主要病害有菌核病、霜霉病、白锈病和病毒病，主要虫害有蚜虫、菜青虫、潜叶蝇和跳甲等。

作为绿肥，油菜的最大特点是有一定的活化和富集土壤养分的能力，特别是有一定的解磷能力，油菜曾作为缺磷的指示植物。油菜青体产量因播种方式、栽培水平不同而异。单播的油菜，每亩产量为2000～3000千克；间种、套种的油菜，甘蓝型油菜产量为1500～2000千克，白菜型油菜产量为1000～1500千克，芥菜型油菜产量为800～1300千克。一般每亩油菜的压青量为1500千克，在插植水稻前20

天左右翻压。据试验，在早稻田种油菜压青时比冬闲田增产9.5%左右，而且具有后效，晚稻田地比对照增产3.3%；玉米后期套种油菜时，下茬小麦平均增产15.2%；棉花间种、套种油菜时，籽棉平均增产13.1%。

(3)水葫芦 水葫芦为雨久花科凤眼兰属多年生水生草本植物，又名"凤眼莲"、"水荷花"、"水绣花"、"野荷花"、"洋水仙"。水葫芦原产于南美洲，在我国首先见于珠江流域，生长在河港、池沼、湖泊和水田中，后来在全国大部分地区都有种植。水葫芦的适应性强，繁殖快，产量高，一般每亩年产鲜体25～40吨，高的可达50吨。作为绿肥，水葫芦生长迅速，有较强的富肥性。水葫芦生长茂盛时，每亩每天从水中吸收氮3千克、磷0.6千克、钾2.5千克。水葫芦含钾量较高。根据全国有机肥料品质分级标准，水葫芦属于二级有机肥。水葫芦还具有富集重金属能力，有不少单位在废水面上放养水葫芦，用于净化水质。水葫芦还具有净化有毒物质酚、铬、镉、铅的作用，是砷中毒的指示植物。水葫芦还是较好的青饲料和沼气原料植物，是肥饲兼用的优良绿肥品种。

水葫芦喜温暖多湿的环境，在0～40℃的范围内均能生长，适宜的生长温度为25～32℃，35℃以上时生长缓慢，40℃时生长受抑制，43℃以上时就会死亡。水葫芦也耐冷，1～5℃时能正常越冬；0℃以下遭霜冻后，叶片枯萎，但短期内茎、根、腋芽尚可保持活力。水葫芦耐肥、耐贫瘠，适应性强，但以水深0.3～1米、水质肥沃、水流缓慢等条件为宜。水葫芦喜光，亦能耐阴。

周年连续生长的水葫芦，其管理措施应针对不同季节和采收情况而定，冬季以防止低温冻害为主。在温度大于0℃的地方，可进行自然越冬；在温度小于0℃的地方，可采用塑料覆盖、坑床湿润、深水保苗、热水灌溉等措施。

春季，当温度稳定在13℃以上时开始放养水葫芦，为加快繁殖，可建立苗地，每亩放苗4～6千克。水葫芦是草鱼的最好食料，水葫

芦在鱼池中只能放养 2/3 的面积；采收面积为放养面积的 1/4～1/3。采收时需间隔采收，以防打翻植株。

水葫芦作水稻基肥时可直接施用，也可堆肥后施用。直接压青的水葫芦，一般每亩用量为 1500～2000 千克，可增产稻谷 20%。若用于旱地作物和果园压青，最好是先作沼气原料，再用沼渣作肥料。水葫芦作沼气原料比麦秸、玉米秸、稻草、牛粪、猪粪的产气量高。

(4)籽粒苋　籽粒苋又称“天星苋”、“天星米”、“苋菜”，是苋科苋属无限花序一年生植物。籽粒苋广泛分布于我国长江流域、黄河流域、珠江流域和东北各地，在东经 83°～131°、北纬 18°～32°的地区均有种植。

一般每亩籽粒苋产种子 150～200 千克，产鲜草 8000～15000 千克。籽粒苋鲜草折干率为 13.5%，干物质中钾含量可高达 5.51%，属于高钾绿肥品种。根据全国有机肥料品质评级标准，籽粒苋属于二级有机肥。

籽粒苋种子是有发展前途的人类主食原料。其粗蛋白含量平均为 16%～18%，较水稻、玉米、高粱、大麦、荞麦、小麦高；蛋白质组成均衡，含有 18 种氨基酸，其中赖氨酸含量占氨基酸总量的 37.9%，亮氨酸含量低于一般谷类作物。脂肪含量为 7.5%，高于稻谷、大麦、小麦、高粱、玉米，主要成分为不饱和脂肪酸，占 70%～80%，品质与花生油、芝麻油相当。矿物质和维生素含量丰富且均衡，磷、铁、锌含量为谷物的 2 倍以上，钙含量为谷物的 10 倍，比大豆多 50%。食用籽粒苋种子食品可减少糖尿病、肥胖病的发病率，降低胆固醇，预防冠心病。籽粒苋嫩叶和幼苗茎叶是优良的蔬菜和畜、禽、鱼饲料，苗期风干物含粗蛋白 22.69%。籽粒苋是值得开发种植的粮、饲、保健用绿肥品种。

籽粒苋原产于热带、亚热带地区，喜温湿气候，种子在 14～16℃时发芽较快，22～24℃时发芽最快，温度大于 36℃时发芽受阻。生长适宜温度为 24～26℃，当温度小于 10℃或大于 36℃时生长极慢或停止。适宜在年降水量为600～800毫米的地方种植，在肥力较高、pH为5.8～7.5的土壤上生长良好。各地应根据栽培制度、气候特点，选择合适的品种，在土壤平均温度大于14℃时播种，秋播时间按90天左右成熟考虑。播种方式可采用穴播或育苗移栽，以直播为佳。播种时土壤不宜过湿，每亩用种量为0.1～0.2千克，要求每亩有苗1万～1.5万株，用于收绿肥时播种量应加倍。底肥以有机肥为主，苗期应除草培土，追肥时每亩用速效氮肥2千克，以后每收割一次施肥一次。苗高8厘米左右时间苗，苗高10～15厘米时定苗，苗期需灌溉。

打主茎、留侧枝可增加种子产量。苗高约1米时在离地40厘米左右处收割。当主茎上部籽粒开始变硬、中部叶片微黄时，收获种子。作绿肥和饲料的籽粒苋，在现蕾期收割压青。

籽粒苋的主要病虫害有土蚕、蚜虫、椿象、烂根病等。

第五章
商品有机肥

一、商品有机肥的生产技术

我国人多地少，且耕地质量总体不高，土壤有机质平均含量仅为1.0%～1.5%；同时，多年大量施用化肥造成土壤板结、地力下降等土壤退化问题，制约着我国农业向高产、高效发展。因此，培肥地力、保证土地可以持久平稳地用于农业生产，走可持续发展农业之路已成为关系国计民生的大事。据统计，我国施用肥料中有机肥的比例还不到10%，而在肥料工业发达的国家，有机肥的用量已占总用肥量的70%～80%。究其原因，主要是我国有机肥的生产技术水平低，产业化规模小，推广力度不够。

近年来，随着农业结构的调整和绿色食品及无公害食品产业的发展，有机肥已逐步成为我国肥料生产和销售的热点。同时运用现代科技对传统生产工艺进行改进，商品有机肥的生产工艺取得了很大的进步。

1.商品有机肥的生产方法

(1)以畜禽粪便为原料生产商品有机肥的方法

①高温快速烘干法。用高温气体对干燥滚筒中搅动、翻滚的湿畜禽粪进行烘干、造粒。此法的优点：减少了有机肥的恶臭味，杀死

了其中的有害病菌、虫卵，处理效率高，易于工厂化生产。缺点：腐熟度差，杀死了部分有益微生物菌群，处理过程能耗高。

②塔式发酵加工法。在畜禽粪便中接种微生物发酵菌剂，搅拌均匀后经输送设备提升到塔式发酵仓内。在塔内翻动、通氧，快速发酵除臭、脱水，通风干燥，用破碎机将大块破碎，再分筛、包装。该工艺的主要设备有发酵塔、搅拌机、推动系统设备、热风炉、输送系统设备、圆筒筛、粉碎机、电控系统设备。该产品的有机物含量高，有一定数量的有益微生物，有利于提高产品养分的利用率和促进土壤养分的释放。

③氧化裂解法。用强氧化剂（如硫酸）把鸡粪进行氧化、裂解，使鸡粪中的大分子有机物氧化裂解为活性小分子有机物。此法的优点：产品的肥效高，对土壤的活化能力强。缺点：制作成本高，污染大。

④移动翻抛发酵加工法。该工艺流程：在温室式发酵车间内，沿轨道连续翻动拌好菌剂的畜禽粪便，使其发酵、脱臭。畜禽粪便从发酵车间一端进入，出来时变为发酵好的有机肥，并直接进入干燥设备脱水，成为商品有机肥。该生产工艺可充分利用光能、发酵热，设备简单，运转成本低。主要设备有翻抛机、干燥筒、翻斗车等。

(2)以农作物秸秆为原料生产商品有机肥的方法

①微生物堆肥发酵法。将粉碎后的秸秆拌入促进秸秆腐熟的微生物，经堆腐发酵制成有机肥。此法的优点：工艺简单易行，质量稳定。缺点：生产周期长，占地面积大，不易进行规模化生产。

②微生物快速发酵法。用可控温度、湿度的发酵罐或发酵塔，通过控制微生物的群体数量和活度对秸秆进行快速发酵。此法的优点：产品生产效率高，易进行工厂化生产。缺点：发酵不充分，肥效不稳定。

(3)以风化煤为原料生产商品有机肥的方法

①酸析氨化法。该方法主要用于以风化煤为原料，生产钙镁含

量较高的商品有机肥。生产方法:把干燥、粉碎后的风化煤经酸化、水洗、氨化等过程制成腐植酸铵。此法的优点:产品质量较好,含氮量高。缺点:耗酸、费水、费工。

②直接氨化法。该方法主要用于生产以风化煤为原料的腐植酸含量较高的商品有机肥。生产方法:把干燥、粉碎后的风化煤经氨化、熟化等处理过程制成腐植酸铵。此法的优点:制作成本低。缺点:熟化过程耗时过长。

(4)以海藻为原料生产商品有机肥的方法　为尽可能保留海藻中的天然有机成分,同时便于运输和不受时间限制,用特定的方法将海藻提取液制成液体肥料。其生产过程大致为:筛选适宜的海藻品种,通过各种技术手段使细胞壁破碎、内容物释放出来,将内容物浓缩形成海藻精浓缩液。海藻肥中的有机活性因子对刺激植物生长有重要作用。海藻肥是集营养成分、抗生物质、植物激素于一体的有机肥。

(5)以糠醛为原料生产商品有机肥的方法　该技术的特点是利用微生物来进行高温堆肥发酵,处理糠醛废渣,同时还利用微生物发酵后产生的热能处理糠醛废水。废渣、废水经过微生物菌群的降解后,成为优质环保有机肥。生物堆肥的选料配比合理,采用高温降解复合菌群、除臭增香菌群和生物固氮、解磷、解钾菌群分步发酵处理废渣,在高温快速降解糠醛废渣的同时,还能有效控制堆肥的臭味,使发酵的有机肥料没有臭味,并使肥料具有生物肥料的特性,使其品质得到极大的提高。

(6)以污泥为原料生产商品有机肥的方法　将含水率为80%的湿污泥加工为含水率为13%的干污泥。主要有以下方法:

①直接晾干。虽然处理污泥的环境条件恶劣,但生产成本低。

②将污泥与粉碎后的农作物秸秆掺混[碳氮比为(30~40):1],高温发酵7天,稳定有机质并杀菌。该方法适宜于有秸秆资源的地区,但需要性能稳定的发酵翻堆设备。

③利用热风炉产生的高温烟气一次烘干。加工设备需要内部带破碎轴的滚筒烘干机，边破碎边烘干，以提高烘干效率，并使烘干的污泥颗粒变小（直径≤3毫米，方便利用）。然后将干污泥粉碎，加入有益微生物，采用圆盘造粒机造粒，低温烘干，冷却筛分，最后包装入库。

此外，还有利用沼气、酒糟、泥炭、蚕沙等为原料生产商品有机肥的方法。

2.商品有机肥生产中的关键问题

(1)商品有机肥生产参数的确定 对于不同的堆肥原料，某些生产参数的变化情况并不完全一致。物料含水量、物料的配比参数（碳氮比）、温度、酸碱度、发酵时间等因素随物料的不同而异。在实际生产过程中，这些参数还有待于进一步确定，从而使产品更加稳定。

(2)商品有机肥发酵工艺的确定 发酵工艺主要包括自然或生物发酵、好氧或厌氧发酵、不发酵。不同的堆肥原料应采用相应的发酵剂，以达到快速腐熟的目的。目前，普遍强调固氮、解磷、解钾等功能菌的作用，而忽视了生物发酵过程中存在的生理活性物质或酶的作用，忽视了有机物质的改土增效作用，进而出现了许多用实验室的优良菌种制成的肥料几乎无作用的现象，给消费者造成虚假宣传的不良影响。

①好氧通气发酵。该发酵方式是生产商品有机肥的常用方式。该工艺存在的问题主要是发酵过程中有恶臭气体产生，在通风阶段尤为严重，一些厂家缺乏必要的处理装置而将其直接排放到大气中，危害到人体和大气；其次是增加了设备及污染控制的投资，增加了生产成本，还造成养分特别是碳、氮的损失较大。

②发酵菌种质量。目前生产中使用的发酵菌种质量差异较大，许多实验室中培养的菌种，尽管其活菌数含量很高，但难以在发酵生产中取得良好效果；反之，复合菌种尽管活菌数含量较低并有杂菌污

染，但采用复合菌种的发酵效果较好。因此，应在生产前进行必要的菌种质量比较试验，以确保发酵效果良好。

③有机物料接种有机肥发酵剂的操作技术。实验室培养的菌种的特性因品种不同而异，适应环境的能力不同，对接种的技术要求也不同。而接种是有机肥生产中的重要环节，接种操作技术不规范，会影响有机肥的产量和质量。探讨行之有效的、专一的菌种接种技术，是有机肥生产厂家不可回避的问题。

(3)商品有机肥腐熟度的确定 腐熟度的研究是一个复杂的工作。温度和 pH 的变化不能作为堆肥腐熟程度判别的全部指标。应充分利用化学分析法得到的参数，结合表观分析法对堆肥的腐熟程度作出判断。腐熟的堆肥中温度呈下降趋势，腐殖质的含量有所减少，堆料呈黑褐色，无恶臭味，质地松散，无明显水分，蚊蝇等不再繁殖。

(4)商品有机肥干燥工艺的确定 商品有机肥干燥法主要包括自然干燥、人工干燥、人工机械干燥和复合干燥。商品有机肥干燥工艺的弊端主要是粉尘污染。

①机械化人工高温快速干燥商品有机肥。在连续大规模生产商品有机肥时，必须使用烘干设备。尽管目前烘干温度仅为60～80℃，但烘干带来的空气污染、有效菌活力降低、养分损失等问题还较为突出。生物发酵干燥、保护设施日光干燥等技术利用生物能和日光能，可大幅度降低水分，再辅以机械耗能干燥，可较好地解决以上问题。亦可在不同季节采用不同组合方式进行干燥处理。

②解决粉尘污染问题。生产中的粉尘污染给生产和环境带来了许多负面效应。目前采用的解决方法主要有：增加全封闭风送设施，采取重点污染区增加除尘器或采取先制粒再低温烘干的办法，以降低污染。

(5)商品有机肥造粒工艺的确定 如果不是机械化施肥技术等的特定要求，有机肥通常不需要造粒。目前，有机肥造粒方法有挤压造粒、搅拌造粒、粉碎造粒等。与化肥不同，有机肥是缓效、长效肥料，造粒易出现肥效差的情况。

3.商品有机肥生产的发展趋势

(1)原料的复合化 使用不同理化性状的有机物料复配而成的有机肥，可以解决单一物料造成的养分不平衡、功能单一等问题。

(2)菌种的多样化 在酵母菌、磷细菌、钾细菌、固氮菌的基础上，发展多功能菌种。开发能够分解不同有机物料的多功能微生物复合菌群，并研究它们在有机肥中的存活机理。

(3)生产工艺的现代化 有机肥的需求量很大，生产中对技术条件的要求严格，只有提高其生产工艺的自动化和现代化水平，才能最大限度地增加生产规模、降低成本，生产出物美价廉的有机肥。应加强对除臭工艺、发酵工艺、有机肥造粒工艺的研究，深入探索不同类型有机肥的粒度大小对肥效的影响，尤其是粒度对保水性能、改土性能、活化土壤性能、活化物质(氨基酸、腐植酸)的利用率的影响。

(4)有机肥的速效化 开发可以基本替代无机肥的有机专用追肥，以满足绿色无公害产品对营养物质的需求。

二、商品有机肥施用技术

1.肥料的合理施用原理

施肥是否合理主要看作物能否最大限度地利用肥料中的养分、施肥产生的经济效益以及肥料对土壤性质的长期影响。如能合理施用肥料，就能充分发挥肥效、培肥地力，获得显著的经济效益和社会效益。

(1)合理施肥的原理

①养分归还学说。19 世纪中期，德国科学家李比希等人提出：植物从土壤中吸取养分用于形成产品，形成农产品的 40%～80%养

分来自于土壤，那么每次收获的作物就会从土壤中带走养分，土壤不是取之不尽用之不竭的“养分库”，要维持地力就必须将作物带走的养分归还于土壤。这就是通过施用肥料来补充土壤养分的养分归还学说。

②最小养分律。李比希在提出养分归还学说的同时又总结出最小养分律：作物需要的营养元素有20多种，其中碳、氢、氧可从空气中获得，不需要以施肥形式补充；氮、磷、钾是作物吸收量最多的元素，故称“大量元素”；铁、锰、锌、硼、钼、铜是作物需要量较少的元素，称为“微量元素”。无论是大量元素还是微量元素，对作物来说都是同等重要的。当一种养分缺乏时，其他养分虽然多，但植物也生长不好，即决定植物产量的是土壤中相对含量最小的有效养分（不是指土壤中养分的绝对含量）。只有补充相对含量最小的养分，才能获得高产。如果不补充相对含量最小的养分，即使其他养分增加再多，也不能提高产量，反而会造成浪费。最小养分不是不变的，它随作物产量和化肥的施用而变化。例如，20世纪70年代由于氮元素化肥的施用，土壤普遍缺磷；20世纪80年代有些地区大量施用磷，又导致其他元素的缺乏，所以20世纪80年代的最小养分就不是磷元素。土壤是一个复杂的有机和无机混合体，是生态系统的重要组成部分，只有正确施用各类有机肥料和化肥，才能维持养分平衡，获得农业生产的丰收。

③限制因子律。1905年，英国科学家布赖克曼把最小养分律发展为限制因子律。作物生长除吸收养分外，还需要光、热、水、气、机械的支持。如增加一个因子供应，可使作物正常生长，若另一生长因子不足，即使再增加前一因子，也不能使作物正常生长；直到缺乏的因子得到补充，作物才能恢复正常生长。这一原理说明，在给作物补充养分的时候，要考虑到气候（光照、水分、温度、空气）和土壤因素。

④最适因子律。1895年，德国科学家李勃曼提出：植物生长受很多因子的影响，各因子的变化范围很广。而植物本身对某因子的

适应能力却很有限，只有当影响生长的条件处于最中间状态（最佳状态）时才最适合作物生长，偏离最佳状态会影响产量。施用肥料时，在其他条件相对稳定的情况下，要获得高产，肥料的用量必须合理。

⑤报酬递减律。这是欧洲经济学家杜尔哥和安德森提出的一条在农业生产上应用的经济规律。内容为：从一定土地上获得的报酬，随着向该土地投入的劳动和资本量的增加而增加，但随着投入的单位劳动和资本量的增加，报酬的增加量却在递减。即随着施肥剂量的增加，所获得的增产量却呈递减趋势。

(2)合理施肥的依据 在农业生产实践中，广大农民总结出了“看天、看地、看肥、看苗”的“四看”施肥经验，即根据作物营养、气候条件、土壤状况、肥料性质进行科学施肥。

①作物营养特点。施肥的目的是为了供给作物营养。不同的作物、同一作物不同的品种、同一品种的不同生育阶段对养分的要求各不相同。因此，施肥要考虑到作物种类、品种、生育时期对养分种类、数量及比例的不同要求，如人粪尿不宜施用在忌氯作物上。

②土壤状况。土壤养分含量是合理施肥的重要依据，另外还要考虑到土壤质地、pH 等因素。例如，人粪尿、草木灰和钙镁磷肥不适宜用在高 pH 的土壤上，尤其是碱地，更忌施用。黏质土上可用一些炉灰渣改良土壤通气性，而沙质土应多施有机肥并配以泥肥，用以增加土壤有机质含量和提高土壤的保肥保水能力。

③气候条件。降雨和温度都会影响肥效。在高温多雨季节，有机质分解快，可以施用未腐熟的有机肥；在低温少雨季节，应施用腐熟好的有机肥和速效性肥料；光照不足时，应补施钾肥，可防止因施用氮肥过多而引起的倒伏现象。

④肥料性质。有机肥种类很多，特性差异很大。有的肥料养分释放慢，只能作基肥；有的肥料肥效快，适合作追肥；对于含有容易挥发养分的肥料，要深施盖土，以防养分损失、肥效降低。

⑤农业综合措施。植物生长受很多因素的影响，例如灌水、耕

作、病虫害防治、种子、栽培技术等。施肥只有与这些因素结合起来，才能获得好的效果。

2.有机肥料的施用方法

农业生产中使用有机肥料的历史比较悠久。近年来随着化肥的大量施用，农田有机肥料施用量逐渐减少，但在蔬菜生产中，有机肥料仍然是一种重要的肥源，而且起着化肥和生物肥料达不到的作用。这与有机肥料的特点是分不开的。随着有机农业和有机栽培技术的逐渐普及，有机肥料将越来越受到重视。作物在不同生育期对养分的吸收量因生长发育特点而不同。为满足作物正常生长的需要，人们往往按作物生长季节对施肥方式、施肥种类和数量进行调节。

(1)作基肥施用 有机肥料养分释放慢、肥效长，最适宜作基肥施用。有机肥料一般在播种前的翻地时施入土壤，又叫“底肥”。

对于小麦、玉米、棉花、水稻等大田作物，有机肥多作基肥一次性施入。另外，基肥用量应视土壤质地而定。土壤质地黏重，作物生育期长时，基肥可一次性施入；轻壤土的保水保肥性差，基肥应分次施入。

基肥的施用量大、养分全、供肥力持久，往往是将有机肥料和化学肥料作为基肥配合施用，但以有机肥料为主。这样不但能保证作物所需的养分，而且能起到培肥地力的作用。几乎所有的有机肥均可作基肥，但是施用基肥要遵循土肥相融的原则。

①撒施。在犁地前，把肥料均匀地撒在地表，然后耕翻埋入土中。此法适于密植作物(小麦、水稻等)以及根系分布广的作物和蔬菜。这种施肥方法简单、省力，肥料施用均匀。这种方法也存在一些缺陷。第一，肥料利用率低。由于采取在整个田间进行全面撒施的方式，所以一般施用量较多，但根系只能吸收利用根系周围的肥料，而施在根系不能到达的范围的肥料则白白流失掉。第二，容易产生土壤障碍。大量施肥容易造成磷、钾养分的富集，引起土壤养分的不

平衡。第三，在肥料流动性小的温室，大量施肥还会造成土壤盐浓度的增高。

②条施或穴施。条施是顺犁沟施肥，覆土后播种；穴施是在播种前把肥料放在播种穴中，然后及时覆土，随即播种。这两种方法的用肥量少，适合用于甘薯、玉米、棉花等点播作物。沟施、穴施的关键是把养分施在根系能够伸展的范围内。因此，集中施用肥料时施肥位置很重要，施肥位置应根据作物吸收肥料的变化情况而定。最理想的施肥方法是：肥料不要接触种子或作物的根，距离根系有一定距离，待作物生长到一定程度后才能吸收利用。采用条施和穴施时，可在一定程度上减少肥料施用量，但施肥的用工量会有所增加。

③分层施肥。在深耕时，把有机肥或磷肥翻入下层，然后在耕地时把少量细肥（尿素或人粪尿、少量磷肥）混在土壤上层，使土肥充分混合，这样既有利于土壤熟化，又能保证作物养分的供应。此法适用于直播式种植的叶菜类作物。

(2)作追肥施用

①追肥的施用量。追肥是指在施用基肥的基础上，根据作物不同生育期的养分需要进行分期施肥，用以解决作物有效养分的需求问题，以保证丰产丰收，所以又把追肥叫作“接力肥”。作物总需肥量减去基肥用量便是追肥用量。基肥与追肥的比例以及追肥的数量和次数均根据作物生育期需肥量、栽培技术、作物长势、土壤、气候等因素而定。追肥多用化学肥料中的硫酸铵、尿素、氨水、碳酸氢铵、过磷酸钙、硫酸钾、氯化钾等。腐熟好的有机肥料含有大量速效养分，也可作为追肥施用。

②追肥施用技术。

撒施：粉碎后的有机肥料可进行撒施，在干旱季节撒施后要灌水1次。

条施或穴施：小麦、棉花等作物用施肥器开沟，条施有机肥后覆土。在有灌溉的条件下，用腐熟好的大粪土条施。穴施多用在玉米、

果菜类作物上，在株间用锄开穴，施肥后覆土，穴深约10厘米。

随水灌溉：蔬菜常采用灌水施肥法。将有机肥掺入灌溉水中，随水施入菜畦。

根外追肥（叶面追肥、叶面喷肥）：根外追肥是指把含有养分的溶液喷洒在作物茎叶上的一种施肥方法，有些肥料还可和农药混在一起进行喷洒。此法简单易行，用肥量少，肥效快，效果显著。

追肥是作物生长期间的一种养分补充供给方式，一般适宜进行穴施或沟施。

③有机肥料作追肥时的注意事项。

·有机肥料含有速效养分，但数量有限，大量速效养分的释放需要一个过程，所以用有机肥料作追肥时，与化肥相比，追肥时期应提前几天。

·后期追肥的主要目的是为了满足作物生长过程对养分的迫切需要，保证作物产量。有机肥料养分含量低，当有机肥料中缺乏某些成分时，可适当施用单一化肥加以补充。

·制定合理的基肥、追肥分配比例。地温低时，微生物活动少，有机肥料养分释放慢，可以把大部分肥料作为基肥施用；而地温高时，微生物活动多，如果基肥用量太多，则肥料在定植前被微生物过度分解，定植后便立即发挥肥效，有时可能造成作物徒长。所以，对于高温栽培的作物，最好减少基肥施用量，增加追肥施用量。

(3)作种肥施用

①种肥的种类。与种子直接接触的肥料叫作“种肥”。种肥不能对种子产生不良影响，选择种肥应慎重。常用作种肥的肥料有腐熟人粪尿、腐熟厩肥、腐熟堆肥、发酵饼肥、腐植酸类肥料、草木灰等。

②种肥施用方法。

拌种法：用适量的肥料和种子拌和均匀后一起播入土壤。随着现代农业科学技术的推广，小麦拌种剂“种子包衣剂”应运而生。拌种剂常常集杀虫、防病、营养为一体，方便易用，低毒高效。

浸种法:用一定浓度的肥料液浸泡种子,浸泡一定时间后取出晾干并播种。

(4)作育苗肥施用 现代农业生产中,许多作物栽培时均采用先在一定的条件下育苗,然后定植到大田的方法。幼苗对养分的需要量小,但养分不足时不能形成壮苗,不利于移栽,也不利于以后作物的生长。充分腐熟的有机肥料,其养分释放均匀,养分全面,是育苗的理想肥料。一般用发酵充分的有机肥料加入一定量的草炭、蛭石或珍珠岩,用土混合均匀后作为育苗基质使用。

(5)有机肥料作营养土 温室、塑料大棚等保护地栽培中,通常种植一些蔬菜、花卉和特种作物。这些作物经济效益相对较高,为了获得较好的经济效益,充分满足作物生长所需的各种条件,常使用无土栽培技术。

传统的无土栽培技术是用各种无机化肥配制成一定浓度的营养液,浇在营养土等无土栽培基质上,以供作物吸收利用。营养土一般以泥炭、蛭石、珍珠岩、细土为主要原料,再加入少量化肥配制而成。在基质中配上有机肥料,作为供应作物生长的营养物质,在作物的整个生长期中,隔一段时间往基质中加一次固态肥料,即可以保持养分的持续供应。用有机肥料的施用代替定期浇营养液,可减少基质栽培中浇灌营养液的次数,从而降低生产成本。

3.有机肥料的施用误区

有机肥料养分全面,肥效持久均衡,既能改善土壤结构,培肥改土,促进土壤养分的释放,又能供应作物养分,特别是对发展有机农业、绿色农业和无公害农业有着重要意义。但是有机肥料种类很多,功能不一,在施用有机肥料时也要讲究科学,切忌盲目施肥,在施用上应注意以下几点。

(1)过量施用有机肥料的危害 有机肥料养分含量低,对作物生长的影响不明显,不像化肥那样容易烧苗,而且土壤中积聚的有机物

有明显的改良土壤的作用。所以，有些人错误地认为有机肥料使用越多越好。实际上，过量施用有机肥料同化肥一样，也会产生危害。危害主要表现在以下3点：

①过量施用有机肥料，易导致烧苗。

②大量施用有机肥料，易使土壤中磷、钾等养分大量积聚，造成土壤养分不平衡。

③大量施用有机肥料，易使土壤中硝酸根离子积聚，导致作物硝酸盐超标。

(2)避免施用劣质有机肥料 有机肥料种类繁多，不同原料、不同方法加工的有机肥料质量差别很大。如自然堆腐的有机肥料，虽然体积大，数量多，但真正能提供给土壤的有机质和养分并不多。有些有机肥料的原料受积攒、收集条件的限制，含有一定量的杂质，有些有机肥料的加工过程中不可避免地会带进一些杂质。

此外，受经济利益的驱动，有些厂家和不法经销商相互勾结，制造、销售伪劣有机肥料产品，损害农民利益。农民没有检测手段，如果仅从数量和价格上区分有机肥料的好坏，往往容易上当受骗。不法厂家制造伪劣有机肥料的手段多种多样，有的往畜禽粪便中掺土、沙子、草炭等物质；有的以次充好，向草炭中加入化肥，这种肥料中有机质和氮、磷、钾等养分含量均很高，但所提供的氮、磷、钾养分主要来自于化肥，已不是有机态的氮、磷、钾；有些有机肥料厂家加工手段落后，没有严格地进行发酵和干燥，产品在外观上看不出质量差别，但未经充分灭菌，水分含量也高。

农民在购买有机肥料时，要到正规的渠道购买，不要购买没有企业执照、没有产品标准、没有产品登记证的“三无”产品。

(3)有机肥料、无机肥料配合不够 有机肥料中的营养元素虽然种类多，但含量较低，且在土壤中分解较慢，在有机肥料用量不是很大的情况下，很难满足农作物对营养元素的需要。而化肥营养元素的含量高，肥效迅速，可根据农作物的需要量进行补充，但肥效短。

有机肥与化肥配合施用，二者取长补短，发挥各自的优势，即可满足农作物对各种营养元素在数量和时间上的要求。为了获得高产，应追施一定数量的化肥，做到缓速结合。在作物旺盛生长期，为了充分满足作物对养分的需求，在使用有机肥料基础上，要补充化肥。

(4)有机肥料的施用禁忌　腐熟的有机肥不宜与碱性肥料混用，若与碱性肥料混合，会造成氨的挥发，降低有机肥料的养分含量。有机肥料含有较多的有机物，不宜与硝态氮肥混用。

第六章
生物有机肥

与普通有机肥相比，生产生物有机肥的技术含量相对较高，除了在腐熟过程中要加入促进有机物料腐熟、分解的生物菌剂，以达到定向腐熟、除臭等目的外，还需在产品中加入具有特定功能的微生物，以提升产品的使用效果。目前，我国从管理上将生物有机肥纳入微生物肥料范畴，实行比有机肥更为严格的管理措施，以促进生物有机肥的健康发展。

一、我国生物有机肥的发展现状

1.生物有机肥的含义

1999年，国家发展计划委员会、科学技术部共同编制了《当前优先发展的高新技术产业化重点领域指南(1999年版)》，在农业项目中第一次明确将“高效有机肥商品化生产工艺与成套设备”列为优先发展的产业。2000年，国家科技部、财政部和国家税务总局发布了《中国高新技术产品目录(2000年版)》，在新型肥料中明确提出了生物有机肥的概念，并给出了申报高新技术产品的界定条件：以动物废弃物为主要原料，经生化处理后，添加固氮菌、解磷菌、解钾菌等微生物菌群及多种微量元素和生物活性物质复配而成。从国家有关部门文件可以看出，生物有机肥属于高新技术产品，对于生产生物有机肥的企业，可以依据国家对高新技术产品的要求，向有关单位申请高新技术企业认证，并享受减免税的优惠政策。

生物有机肥是指以畜禽粪便为主要原料，经接种微生物复合菌剂，利用生化工艺和微生物技术彻底杀灭病原菌、寄生虫卵，消除恶臭，利用微生物分解有机质，将大分子物质变为小分子物质，然后达到除臭、腐熟、脱水、干燥的目的，制成的具有优良物理性状、碳氮比适中、肥效高的有机肥。生物有机肥属于生物肥料，它与微生物接种剂的区别主要表现在菌种、生产工艺和应用技术等方面。

2.生物有机肥的特点

生物有机肥是有机肥料、无机肥料、微生物和微量元素的统一体，有着稳效、长效、高效三结合的特点，也有着肥药结合的特点。具体来说，包括以下几点：一，生物有机肥富含有益微生物菌群，环境适应性强，易发挥出种群优势，如含有发酵菌和功能菌，则具有营养功能强、根际促生效果好、肥效高等优点。二，生物有机肥富含生理活性物质，生产生物有机肥需将有机物发酵，进行无害化、高效化处理，产生吲哚乙酸、赤霉素、多种维生素以及氨基酸、核苷酸、生长素、尿囊素等生理活性物质。三，生物有机肥以禽畜粪便为主要原料，富含有机养分，氮、磷、钾等无机养分，各种中量元素（钙、镁、硫）、微量元素（铁、锰、铜、硼、钼、氯等）以及其他对作物生长发育有益的元素（硅、钴、硒、钠），具有养分含量丰富、体积小、成本低、易施用、效率高等优点。四，生物有机肥经发酵处理后无致病菌、寄生虫和杂草种子，加入的微生物制剂对生物和环境安全可靠，符合工业化生产和大规模农业生产的需求。总之，生物有机肥兼具微生物肥料与有机肥料双重优点，有明显的改土培肥、增产和提高农产品品质的作用。

生物有机肥营养元素齐全，能够改良土壤，减轻因使用化肥而造成的土壤板结程度，改善土壤理化性状，增强土壤保水、保肥、供肥的能力。生物有机肥中的有益微生物进入土壤后，与土壤中微生物形

成共生增殖关系，抑制有害菌生长，并将其转化为有益菌，相互作用，相互促进，起到群体的协同作用。有益菌在生长繁殖过程中产生大量的代谢产物，促使有机物分解转化，能直接或间接为作物提供多种营养和刺激性物质，促进作物生长。故生物有机肥能提高土壤孔隙度、通透交换性及植物成活率，增加有益菌和土壤微生物的数量和种群。同时，在作物根系形成的优势有益菌群能抑制有害病原菌繁衍，增强作物的抗逆性和抗病能力，降低重茬作物的病情指数，连年施用可大大缓解连作障碍。生物有机肥能减少环境污染，且对人、畜、环境安全、无毒，是一种环保型肥料。

3. 生物有机肥与其他肥料的区别

(1)生物有机肥与化肥相比

①生物有机肥营养元素齐全；化肥营养元素只有1种或几种。

②施用生物有机肥能够改良土壤；经常施用化肥会造成土壤板结。

③施用生物有机肥能提高产品品质；施用化肥过多会导致产品品质低劣。

④施用生物有机肥能改善作物根际微生物群，提高植物的抗病虫害能力；施用化肥则使作物根系微生物群单一，易发生病虫害。

⑤生物有机肥能促进化肥的利用，提高化肥利用率；单独施用化肥易造成养分的固定和流失。

(2)生物有机肥与精制有机肥相比　精制有机肥是畜禽粪便经过烘干、粉碎后包装出售的商品有机肥。

①生物有机肥完全腐熟，不烧根，不烂苗；精制有机肥未经腐熟，直接施用后在土壤里腐熟，过量施用会产生烧苗现象。

②生物有机肥经高温腐熟，杀死了大部分病原菌和虫卵，可减少病虫害发生；精制有机肥未经腐熟，在土壤中腐熟时会引来地下害虫。

③生物有机肥中添加了有益菌，菌群的占位效应可减少病害发生；精制有机肥经过高温烘干，杀死了里面的全部微生物。

④生物有机肥的养分含量高；精制有机肥经过高温处理，会造成养分损失。

⑤生物有机肥经除臭后气味轻，几乎无臭；精制有机肥未经除臭，返潮后即出现恶臭。

(3)生物有机肥与农家肥的区别

①生物有机肥完全腐熟，虫卵死亡率达到95%以上；农家肥堆放简单，虫卵死亡率低。

②生物有机肥几乎无臭；农家肥有恶臭。

③生物有机肥施用方便，肥料容易施用均匀；农家肥施用不方便，肥料不易施用均匀。

(4)生物有机肥与生物菌肥的区别

①生物有机肥价格便宜；生物菌肥价格昂贵。

②生物有机肥含有功能菌和有机质，能改良土壤，促进被土壤固定的养分释放；生物菌肥只含有功能菌。

③生物有机肥的有机质本身就是功能菌生活的环境，施入土壤后功能菌容易存活；生物菌肥的功能菌可能不适合在所有的土壤环境中存活。

二、生物有机肥的肥效机理

1.生物有机肥的营养成分

(1)生物有机肥的生物性和有机性养分 生物有机肥是在微生物作用下通过生物化学过程生产出的肥料，而化肥是通过化学过程生产的肥料。生物有机肥的生物性表现为含有微生物菌群，具有固氮、解磷、解钾作用；其有机性表现为含有大量有机质，还含有氨基酸、蛋白质、糖、脂肪、胡敏酸等多种有机养分，以及大量元素、中量元

素和微量元素。因此与化肥相比，生物有机肥具有不偏肥、不缺素、供肥稳定、肥效长等特点。

(2)生物有机肥富含多种生理活性物质　生物有机肥中的功能菌能合成丰富的维生素、氨基酸、核酸、吲哚乙酸、赤霉素、辅酶Q、腐植酸及多种有机酸等生理活性物质。这些物质能刺激作物根系生长，提高作物的光合能力，使作物根系发达，生长健壮。腐植酸能与磷肥形成络合物，这种络合物既能防止土壤对磷的固定，又易被植物吸收，而且能使土壤中无效磷活化。堆肥过程中有机物分解产生的草酸、酒石酸、乳酸、苹果酸、乙酸、柠檬酸、琥珀酸等有机酸，与磷高效型植物根系分泌的有机酸很相似，对难溶磷也有较强的活化作用。另外，生物有机肥还含有抗生素类物质，能提高作物的抗病能力。

(3)生物有机肥具有肥效缓释作用　在堆肥过程中，微生物吸收了化肥中的无机氮和磷，并生成菌体蛋白、氨基酸、核酸等成分。一部分极易挥发的氨被微生物增殖过程中产生的代谢产物如有机酸所固定，部分氨则被有机废弃物的降解产物如腐植酸所固定。部分化肥被吸持在微生物的巨大荚膜中，如硅酸盐细菌的荚膜和菌体使钾流失了1/3～1/2。微生物的缓释过程与微生物活化土壤中被固定的磷和钾，体现了微生物的双向功能。

(4)生物有机肥富含有益微生物菌群　一般生物有机肥都含有酵母菌、乳酸菌、纤维素分解菌等有益微生物，而加有功能菌的生物有机肥还可能含有固氮菌、钾细菌、磷细菌、光合细菌及假单胞菌等一些根际促生菌。这些微生物除了具有产生大量活性物质的能力外，有的还具有固氮、解磷、解钾的能力，有的具有抑制植物根际病原菌的能力，有的则具有改善土壤微生态环境的能力。例如，光合细菌能改变土壤中的微生物区系，使土壤中的固氮菌、放线菌、根瘤菌等增加，使土壤中的丝状真菌减少；固氮菌的增殖能促进土壤生物固氮、增加土壤中生长刺激素和病菌抑制物的含量；放线菌的增殖有利于清除和防治由丝状真菌引起的植物病害；根瘤菌的增加有利于豆科植物的结瘤。

2.生物有机肥的施用效果

由于生物有机肥中活性菌的种类不同,故其特性和效果也不同。比如,根瘤菌肥料可以通过侵染豆科植物根部,在根上形成根瘤,采用联合、自生或共生方式将空气中的氮加以固定,并转化为植物根系所能吸收的氮元素营养;芽孢杆菌可以将土壤中难溶的有机或无机态磷、钾分解为植物可吸收利用的可溶性磷、钾,从而提高土壤的肥力和肥料的利用率。据有关资料报道,每亩固氮菌能固定45千克氮,每亩磷细菌能释放出30千克五氧化二磷,每亩钾细菌能释放出45千克氧化钾,由此推算,可减少化肥用量10%～30%。此外,生物有机肥中的微生物在生长过程中还产生大量的植物生长激素,如吲哚乙酸、赤霉素、氨基酸等生理活性物质,这些物质能够刺激和调节植物的生长,起到单施化肥所达不到的促进植物生长的作用。同时,当一些有益细菌大量繁殖后,在植物根际区域形成了优势群体,诱导植物产生抗生素类物质,从而可抑制病原微生物的生长繁殖,减少植物病虫害的发生,提高植物的抗病虫害能力。

由此可见,生物肥料对农业生产的效果是多方面、综合性的,具体表现在以下几方面。

(1)增产效果 自然状态下有益微生物数量不够,增产效果也有限。因此,如能采用"人为方式"向土壤中增加有益微生物,就能够增加土壤中微生物的数量和整体活性,从而明显提高土壤的肥力。在植物根际施用生物有机肥,就可以大大增加根际土壤中有益微生物的数量和活性,促进土壤肥力的增强。

生物有机肥中的微生物可分为发酵菌和功能菌2类。发酵菌一般由丝状真菌、芽孢杆菌、放线菌、酵母菌、乳酸菌等组成。它们能在不同温区生长繁殖,促使堆温升高,缩短发酵周期,减少发酵过程中臭气的产生,增加各种生理活性物质的含量,提高生物有机肥的肥

效。功能菌一般由钾细菌、磷细菌、固氮菌、根瘤菌、光合细菌、假单孢杆菌及链霉菌等组成。这些功能菌有的具有固氮、解磷、解钾的能力，有的具有抑制植物根际病原菌的能力，还有的具有改善土壤微生态环境的能力。

因此，施用生物有机肥可以改善土壤结构，增加土壤肥力，同时可以提供给作物全面的营养物质，达到提高产量的目的。试验表明，生物有机肥可使蔬菜硝酸盐含量平均降低 48.3%～87.7%，使氮、磷、钾含量提高 5%～20%，使维生素 C 含量增加、总酸含量降低、还原糖含量增加、糖酸比提高，特别是对西红柿、生菜、黄瓜等，能明显改善生食部分的风味；而对豆科作物施用生物有机肥，不仅可提高收获物中的蛋白质含量，而且可使产量大幅度提高。

(2)减肥增效效果　单纯使用氮肥时，由于挥发、淋失、径流等原因，氮肥的利用率只有 30%～50%，且造成地下水污染，而施用生物有机肥可提高氮肥的利用率。无机磷在土壤中容易产生不溶性化合物，即“磷的固定”，磷的当季利用率仅为 8%～20%。而施用生物有机肥后，有机酸可与钙、镁、铁、铬等金属元素形成稳定的络合物，从而减少磷的固定，有利于作物对磷的吸收，可明显提高磷的利用率。同时，生物有机肥含有多种解磷、解钾微生物，能分解难溶的磷、钾，使土壤中被固定的有用元素释放出来，提高化肥的利用率，从而减少化肥的用量。其次，大量的活菌群体进入土壤后，在作物根际生长发育，这些菌群产生的各种生物酶能在常温常压下催化各种生化反应，产生多种抗生素和生长激素，使作物根部迅速生长、深扎，能增加主根毛细根量 30%～50%，迅速拓展养分的输送管道，让作物合理平衡地吸收利用肥料。

土壤中施入生物有机肥后，可以大量增加土壤有机质含量。有机质经微生物分解后形成腐植酸，其主要成分是胡敏酸。它可以使松散的土壤单粒胶结成土壤团聚体，使土壤容重变小，孔隙度增大，易于截留和吸附渗入土壤中的水分和释放出的营养元素，使有效养分不易被固定。同时,微生物在土壤中以惊人的速度繁殖,使上述作用得到加强。所以,施用生物有机肥可以减少化肥的施用量,减少因过量施用化肥对土壤结构造成的不良影响,减少土壤板结。微生物分泌的有机酸能中和盐碱,降低土壤盐浓度和碱性。除此之外,由于有机物的矿化作用,在土壤中产生大量的二氧化碳气体,也增加了土壤的保温能力。

生物有机肥中有机物质的种类和碳氮比也是影响其肥效的重要因素。如粗脂肪、粗蛋白质含量高,则土壤中有益微生物增加。病原菌减少、含碳量高有助于增加土壤真菌数量,含氮量高有助于增加土壤细菌数量,碳氮比协调有助于增加放线菌数量。有机物中含硫的氨基酸含量高则明显抑制病原菌,几丁质类动物废渣含量高可增加土壤木霉、青霉等有益微生物数量,间接提高生物有机肥肥效。

(3)改善农产品质量,生产无公害绿色农产品 长期施用化肥会降低农产品质量,使农田生态系统遭到破坏。生物有机肥营养物质释放缓慢,对于氨态氮营养而言,多以氨或氨基酸形式供给植物营养。这些物质进入植物细胞后,无需消耗大量能量和光合作用产物,直接参与植物细胞物质的合成,故植物生长快,积累的糖分等物质多,农产品质量好,且很少有硝酸盐等有害物质产生。

(4)对土壤养分的活化作用 生物有机肥可以增加土壤中的有机质、腐殖质含量,能满足微生物、植物的必需元素和有机质、氨基酸、活性酶等营养的供应,给肥料和土壤中的各类微生物菌群创造良好的生长、繁殖环境,促进微生物活动,抑制有害菌的繁殖。生物有机肥为需氧性根瘤菌充分利用空气中的氧气及气态氮合成固态氮创造了条件,为解钾菌和光合菌等创造了有利活动条件。生物有机肥加速了物质的分解循环,增强了氮、磷、钾及各种营养元素的释放和运转能力,提高了各种营养元素的利用率。

(5)调节微生物区系,改善土壤微生态系统 生物有机肥施入土

壤后能够调节土壤中微生物的区系组成，使土壤中的微生态系统结构发生改变。例如，对果园施用生物有机肥后，根区土壤细菌、真菌和放线菌数量显著增加，其中细菌数量占绝对优势。这是因为当有新鲜有机物质进入土壤后，为微生物提供了新的能源，使微生物在种群数量上发生较大的改变。另一方面，生物有机肥本身也带入大量有活性的微生物，从某种程度上讲，生物有机肥的施入起到了接种微生物的作用。

(6)减轻病虫害　生物有机肥通过4种途径减轻农作物病害：一是肥料中的功能性微生物经过生长繁殖，在作物根际土壤微生态系统内形成优势种群，抑制其他有害微生物的生长繁殖，甚至对部分有害病原菌产生抵抗作用，减少了有害微生物的危害机会；二是功能性微生物在生长繁殖过程中，向作物根际土壤微生态系统内分泌各种物质，这些物质能够刺激作物生长，提高作物抵抗不良环境的能力，有些微生物可产生抗生素，抑制土壤中病原微生物的繁殖；三是生物有机肥中的有益微生物与作物根际形成一种互惠互利的共生关系，使作物根系发达，生长健壮，增强抵抗力，减少病害发生；四是生物有机肥的营养元素种类丰富，能使作物植株生长健壮，具有良好的株型和合理的群体，增强作物的抗病性，减少病害的发生。如白菜在施用生物有机肥后软腐病发病率仅为2%，而施用蔬菜专用肥和干燥鸡粪后发病率分别为17%和20%。

(7)充分利用农业秸秆资源还田，形成良性循环　目前我国各类农作物秸秆总量约为6亿吨，可收集利用的秸秆约为4.8亿吨，其中约2.5亿吨用于造肥还田，约1.2亿吨秸秆在田间焚烧，既浪费资源又污染环境。因此，可将2.5亿吨秸秆用于生产生物有机肥，将1.2亿吨田间焚烧的秸秆堆制成有机肥。

三、生物有机肥的施用方法

1.常用施肥方法

生物有机肥根据不同作物而选择不同的施肥方法，常用的施肥方法有：

(1)撒施法 结合深耕或在播种时，将生物有机肥均匀地施在根系集中分布的区域和经常保持湿润状态的土层中，使土肥混合均匀。

(2)条状沟施法 对于条播作物或葡萄、猕猴桃等果树，开沟后施肥播种或在距离果树约5厘米处开沟施肥。

(3)环状沟施法 对于苹果、桃、柑橘等幼年果树，在距树干20～30厘米处绕树干开一环状沟，施肥后覆土。

(4)放射状沟施法 对于苹果、桃、柑橘等成年果树，在距树干约30厘米处按果树根系伸展情况，向四周开4～5个约50厘米长的沟，施肥后覆土。

(5)穴施法 对于点播或移栽作物，如玉米、棉花、西红柿等，将肥料施入播种穴，然后播种或移栽。

(6)拌种法 对于玉米、小麦等大粒种子，每亩用4千克生物有机肥与种子拌匀后一起播入土壤；对于油菜、烟草、蔬菜、花卉等小粒种子，每亩用1千克生物有机肥与种子拌匀后一起播入土壤。

(7)蘸根法 对于移栽作物，如水稻、西红柿等，按1份生物有机肥加5份水配成肥料悬浮液，将苗根浸蘸肥液，然后定植。

(8)盖种肥法 开沟播种后，将生物有机肥均匀地覆盖在种子上面。

2.生物有机肥的有效施肥深度及施肥量

(1)施肥深度 生物有机肥的有效施肥深度一般在根系密集区，即土表层下15厘米左右。要根据土壤性质、作物种类、气候条件和

施肥方法对施肥深度进行调整。从土壤性质来看，黏土地应施肥翻耕得浅一些；沙土地因通气性、透水性好，生物有机肥相对可以施得深一些。从作物种类看，果树等植株根系较深的作物，施肥要深一些，而对于小白菜等根系较浅的蔬菜作物，浅施肥有利于作物吸收。从气候条件看，降雨少的地区或旱季施肥后可翻耕深一些；温暖而湿润的地区或雨季，翻耕则应浅一些。从施肥方法看，种肥、基肥和追肥的施肥深度不同，种肥的施肥深度要与种子的播种深度相适应，才能达到施用种肥的目的。

(2)施肥量　施入生物有机肥能够改良土壤结构，为作物和土壤微生物生长提供良好的营养和环境条件。当土壤中施入较多的生物有机肥时，虽然不会出现烧根烧苗现象，但也不是施得越多越好。这是因为农作物产量的高低与土壤中相对含量最少的一种养分相关，土壤中某种营养元素缺乏时，即使其他养分再多，农作物的产量也不会增加。只有向土壤中补偿相对含量最少的养分后，农作物产量才能增加。另外，当施肥量超过最高产量的施肥量时，作物的产量便随施肥量的增加而减少，生产成本增加，而收益却减少，在经济上也不合算。因此，不可盲目大量施用生物有机肥，应根据不同作物的需要和土壤养分状况，科学地确定施肥量，才能达到增产增收的目的。

3.生物有机肥作种肥和追肥

施种肥是指在播种或定植时，将肥料施于种子或幼株附近，或将肥料与种子或幼株混施的施肥方法。用生物有机肥作种肥，一方面能供给幼苗养分，特别是满足幼苗营养临界期对养分的需求；另一方面能改善种子床和苗床的物理性状，为幼苗生长发育创造良好的生长条件。种肥可采用拌种、蘸根、条状沟施、穴施和盖种肥等方法。

追肥是指在作物生长发育期间，为及时补充作物生长发育过程中急需的养分而采用的施肥方法。追肥能促进作物生长发育，提高作物产量和品质。生物有机肥追施的方法有土壤深施和根外追肥2

种。土壤深施一般是将生物有机肥施在根系密集层附近，施后覆土，以免造成养分挥发损失。根外追肥是将生物有机肥与 10 倍质量的水混合均匀，静置后取其上清液，使用喷雾器将肥料溶液喷洒在作物叶面上，以供叶面吸收。

4. 生物有机肥与化肥配施

(1)生物有机肥与化肥配施的好处

①提高化肥的肥效。过磷酸钙等化肥施入土壤后，易被土壤固定而失效。若将其与生物有机肥混合后施用，则可以减少化肥与土壤的接触面，减少养分的固定，同时化肥也可以被生物有机肥吸收保蓄，减少养分流失。

②减少化肥施用后可能产生的副作用。单独施用较大量化肥或化肥施用不均匀时，容易对作物产生毒副作用。如长期施用生理酸性肥料，会使土壤变酸，产生过多的活性铁、活性铝等有毒物质。如过量施用过磷酸钙作种肥时，会影响种子发芽和幼苗生长，若与生物有机肥混合后施用，则不会发生此类问题。

③增加作物养分。化肥只能为作物提供一种或几种养分，长期施用化肥会使作物产生缺素症。生物有机肥所含养分全面，肥效稳定且持续时间长，含有大量的有益微生物和有机质，能够改善土壤理化性状和微生物区系，增强土壤中酶的活性，有利于养分转化。

(2)生物有机肥与化肥配施用于粮食作物 生物有机肥与化肥配施用于粮食作物时，一般采用拌种和基肥混施 2 种方法。拌种是将生物有机肥与种子混拌均匀后播入土壤，而化肥采取深耕的方式施入。基肥混施是将生物有机肥与化肥混合均匀后，在播种深耕时一次性施入土壤，施肥深度为 15 厘米左右。

(3)生物有机肥与含硝态氮的化肥等不宜混合 生物有机肥并不是与所有化肥都能任意混合，有些化肥与生物有机肥混合后肥效反而降低。硝酸铵等含硝态氮的化肥在生物有机肥发酵过程中，由

于反硝化作用，易引起氮素损失。生物有机肥成品经过发酵，其中的氮都已转化成铵态氮，不能与碳酸氢铵等碱性肥料和硝酸钠等生理碱性肥料混合，否则会使氨挥发损失，影响生物有机肥和化肥的使用效果，导致作物因养分供应不足而减产。

5. 用生物有机肥制作育苗土

许多作物的栽培分为育苗期和大田栽培期 2 个阶段。育苗期主要是作物根系生长和培育壮苗的时期，作物在此期内需肥量不大，但施肥要均匀，不能有太高的速效养分，否则就会产生烧根烧苗现象。幼苗生长所需要的养分主要通过育苗的床土和基质来供应。床土或基质要求疏松、肥沃，透气性与保水保肥性能强。制作育苗土时，用生物有机肥 1 份与熟化肥沃的菜园土 10 份，混合均匀，过筛，并加入适量的氮、磷、钾速效养分。育苗土中速效养分的添加量控制在速效氮 150～300 毫克/千克，五氧化二磷 200～500 毫克/千克，氧化钾 400～600 毫克/千克。育苗土中添加化肥的量可根据其有效养分含量推算，一般 100 千克育苗土中添加硫酸铵 0.5 千克，过磷酸钙 1 千克，硫酸钾 1 千克。添加的速效养分要与育苗土混合均匀，以免局部养分浓度过高，抑制幼苗的生长。

6. 生物有机肥的运输和存放

为了避免在运输和存放生物有机肥过程中造成不必要的损失，必须做到：

①运输和存放时应避免和碳酸氢铵、钙镁磷肥等碱性肥料混放。

②生物有机肥遇水容易导致养分损失，在运输过程中应避免淋雨，要存放在干燥通风的地方。

③生物有机肥内含有有益微生物，阳光中的紫外线会影响有益微生物的正常生长繁殖，在运输存放过程中应注意遮阴。

四、生物肥料的生产工艺

生物肥料又称“菌肥”，它是利用土壤中一些有益微生物制成的肥料。土壤中广泛生存着许多微生物，其中某些种类的微生物对提高土壤肥力、满足植物营养需求、刺激作物生长或防止病虫害等有特殊的作用。采用人工方法筛选及培养这些有益的微生物，把它们接种到土壤中，可扩大有益微生物的活动范围。通过有益微生物的活动来改善作物的营养条件，抑制有害微生物的活动，从而达到农业增产的效果。但是生物肥料本身不含有或只含有少量氮、磷、钾及其他营养成分，因此它必须和其他肥料配合使用，才能发挥效果。

随着科学技术的发展，目前常在某些生物肥料中添加适量的无机化肥，将其制成生物复合肥，以提高其农业增产效果。但由于通常的化学肥料的盐指数较高，大量添加后会影响微生物菌种的生存，因此，应筛选优良的微生物菌种，提高其生存能力，或选择合适的无机化肥品种及添加数量。

在生物肥料的生产技术中，微生物菌种的研究占有重要地位，目前应用较广泛的菌种有根瘤菌、固氮菌、磷细菌、钾细菌、抗生菌等。

生物肥料的生产工艺较多，但其制造过程大致相同，目前国内大都采用土法生产。生产工艺通常包括三大部分：菌种筛选与培育；原辅料处理；成品生产。

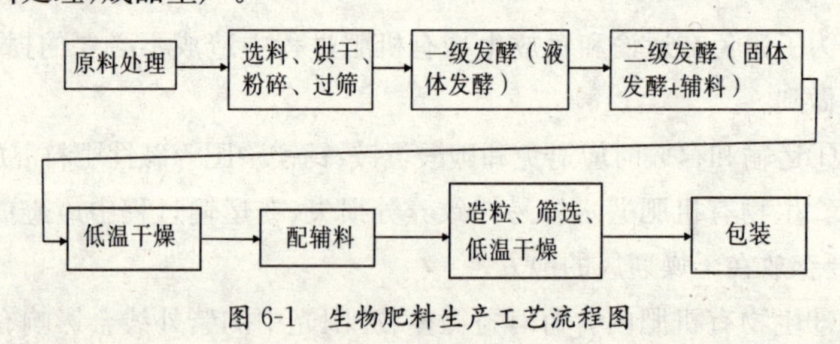

图 6-1　生物肥料生产工艺流程图

(1)设备

①菌种培养设备(含仪器)：恒温培养箱、无菌操作台、紫外线灯、

酒精灯、接种环、灭菌器、水箱。

②扩大培养设备:摇床、液体发酵罐、固体发酵罐。

③颗粒肥制造设备:筛分机、烘干机、混合搅拌器、造粒机。

④分析检验设备:生物显微镜、计时器、恒温水浴锅、光电比色计、分析天平、离心机、常规玻璃分析仪器。

(2)菌种筛选要求 筛选出具有明显优势、能在土壤中长期起作用而不被土壤中自然微生物区系所抑制,且繁殖速度快、生命力强、具有多种功能的微生物生态群体。菌种确定后,将国家菌种库中已鉴定过的同类菌种经过反复培养驯化后,再从中筛选出生命力最强的菌株。

(3)菌种培育 按各种微生物菌体的生长习性和生理生化特点,分别进行适应性培育,按要求继续培养成为生态菌群,再经筛选提纯复壮合格的菌种。一方面将菌种进行保存,另一方面把菌种混合起来,进一步培养,使其共生、协调生长。最后由各种菌种构成具有优势、生命力强的微生物生态群体,包括细菌、真菌等。

(4)生物肥料制造原理 向上述多功能生物复合菌剂中加入辅料(中量元素、微量元素、有机质等),接种复合生态菌群,加入添加剂,经合理配制后造粒,制成生物复合菌肥。在群体微生物的作用下,通过复杂的生物活动过程,逐渐合成作物生长所需要的营养物质,供作物吸收利用。

1.磷细菌肥的生产工艺

目前较为流行的磷细菌肥生产方法包括液体培养和固体培养,其生产流程如图 6-2 所示。

在生产磷细菌肥之前,要做好菌种的检验及保存工作。磷细菌的菌种应先移植于合成培养斜面上,培养后作为保存菌种。根据磷细菌的培养特征检查原始菌种斜面,再制片、染色、镜检菌体形态及有无杂菌。经检验确定是纯培养后,方能作为菌种保存和使用。如果菌种不纯,在必要情况下可按一定方法进行纯化。磷细菌菌种的保存方法为:有条件时可用灭菌液状石蜡封埋在琼脂斜面,放在冰箱中(约 4℃),可保存较长时间。

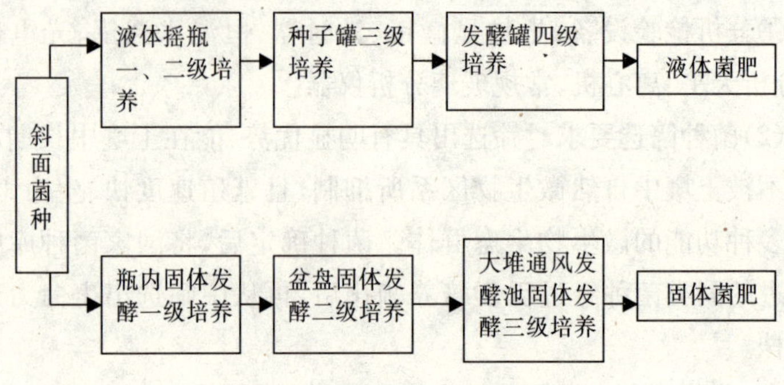

图 6-2　磷细菌肥生产工艺流程图

(1)液体培养

①一、二级液体培养。为活化种子菌,加速菌种增殖,把液体培养基分两级连续振荡培养(摇瓶培养)。摇瓶培养的容器:一级(小摇瓶)用 250 毫升锥形瓶,每瓶分装液体培养基 100 毫升。二级(大摇瓶)用 1000 毫升锥形瓶,每瓶分装液体培养基 400 毫升。培养基配方有以下 2 种。

·麦麸浸汁培养基。麦麸浸汁 1000 毫升,碳酸钙 5 克(为避免沉淀,可按定量分装于各瓶),自然 pH,120℃灭菌 30 分钟。

麦麸浸汁配制方法:麦麸 100 克,加水 1000 毫升,煮沸保持 30 分钟,用粗布过滤,加水补足 1000 毫升。

·甘薯粉、豆饼粉培养基。

甘薯粉	20 克	硫酸铵	2 克
碳酸钙	5 克	豆饼粉	10 克
磷酸氢二钾	1 克	葡萄糖	10 克
水	1000 毫升		

加水混合均匀,自然 pH,120℃灭菌 30 分钟。

种子菌转到一级培养基(小摇瓶)时,将一定量灭菌水倒入种子

菌斜面试管内，刮下菌苔，然后将菌悬液倒入 250 毫升锥形瓶中。一支种子菌斜面接种一瓶培养基。接种后，在 35℃恒温室摇瓶机上振荡培养。24 小时后，检测是否污染杂菌，确定无杂菌时，再转入二级培养基(大摇瓶)。一瓶 100 毫升培养液可接种一瓶 400 毫升培养基。在相同条件下振荡培养 24 小时后，经检验合格，方可转级扩大培养。

②三级液体培养。种子罐容量一般为 5～10 升。搅拌方式为机械搅拌式或气体回流搅拌式。"83-2"磷细菌对通气量不是十分敏感，经初步试验，通气量为 1∶(0.75～1)(罐容量∶每分钟通气容量)。

种子罐投料配方：

甘薯粉	2%	豆饼粉	1%
葡萄糖	1%	硫酸铵	0.2%
碳酸钙	0.5%	磷酸氢二钾	0.03%
豆油	0.8%～1.0%		

加水混合均匀，自然 pH，120℃灭菌 30 分钟。

种子液用二级培养液(大摇瓶培养液)400 毫升。采用火圈封口开放接种法或密封压差接种法。在温度 33～34℃条件下通气培养。每 8 小时取样检验一次。第一次和第二次只检验有无杂菌，第三次检验有无杂菌并计菌数(使用血球板镜检计数)。一般培养 24 小时，菌数达 80 亿～100 亿/毫升且无杂菌时，即可转罐扩大培养。

③四级液体培养。发酵罐培养(四级液体培养)：发酵罐容量一般为 1～2 吨，搅拌方式为机械搅拌或回流搅拌。

发酵罐投料配方：

甘薯粉	2%	硫酸铵	0.5%
豆油	0.1%	碳酸钙	0.3%
碳酸氢二钾	0.02%		

加水混合均匀，自然 pH，108 千帕压强下灭菌 45～50 分钟。

将种子罐合格培养液通过接种管道压入发酵罐，接种量为 5%～

10%。在温度33～34℃条件下通气培养。每8小时取样检验一次。一般培养24小时即可放罐采收，菌数可达150亿～200亿/毫升，要求培养液不能含杂菌。

(2) 固体培养

①一级固体培养。培养容器可用锥形瓶或广口玻璃瓶，容量为500～1000毫升。

培养基配方：

麦麸	1/3	细肥土	1/3
谷糠	1/3	料水比	1∶1

分装量不超过锥形瓶容量的1/2。把瓶口擦干净，加棉塞或纱布棉花垫，外包厚纸。在147千帕压强下灭菌45分钟，或用蒸笼常压蒸汽间歇灭菌。

培养基经灭菌后，冷却至40℃左右时抢温接种。一支斜面种子菌洗下的菌悬液可接1～2瓶培养基。接种后摇匀，在33～34℃恒温室中培养。12小时后检查一次。外观不生霉，无酸味和臭味，说明基本上没有污染。可将培养瓶再振动摇匀促进通气，继续培养。24小时后再检查一次，除检查外观外，应进行制片镜检，确定无杂菌时方可转级培养。

②二级固体培养。培养容器可用瓦盆、瓷盆或木制曲盘等开敞器皿，便于通气；培养时采用盆扣盆、盘扣盘的方法，便于保温，效果较好。将容器洗刷干净后，放在培养室内用甲醛熏蒸消毒。

培养基配方与一级培养基相同。为节省麦麸、谷糠，也可用麦麸10%、谷糠10%～20%、细肥土70%～80%的配方，料水比为1∶0.5。拌匀后装入布袋或其他容器内（分装量不宜过多），在120℃条件下灭菌1～1.5小时，或用蒸笼间歇灭菌，也可以用大火一次性连续蒸汽灭菌4小时。

将灭菌的培养基冷却至40℃左右，即可用一级培养液接种，接种量为5%～10%。在大容器内接种，然后分装备盆（盘）内，厚度为

4～5厘米，扣上另一个空盆(盘)或盖上两层灭菌的报纸，在33～34℃恒温室内培养。中间检验流程同一级培养，一般24～36小时后即可采收或转级培养。

③三级固体培养。固体发酵可用室内堆制法继续扩大培养。堆制室及用具事先需用甲醛熏蒸或用5%苯酚喷雾消毒。

培养基配方可与二级培养基相同，也可用下列配方：麦麸10%，细肥土90%，料水比为1∶0.25。拌匀后，装入大蒸锅内用蒸汽灭菌2～4小时。接种量一般为10%～20%。

接种后，如为水泥地面，就直接堆在地上；如为土地或砖地，须先铺上塑料薄膜再堆。堆高13～17厘米，上面盖塑料薄膜保湿。堆后温度逐渐上升，注意勿使温度超过45℃，必要时揭开薄膜散热。24～36小时后即可采收使用，含菌量达200亿/克以上，但往往会有一部分杂菌。

有条件时，可仿照酒厂通风制曲的方法，将灭菌固体物料接种后，铺放在通风发酵池的帘架上，用鼓风机通风培养，这样可以较大规模地生产生物有机肥。

2.钾细菌肥的生产工艺

钾细菌肥的生产工艺流程如图6-3所示。

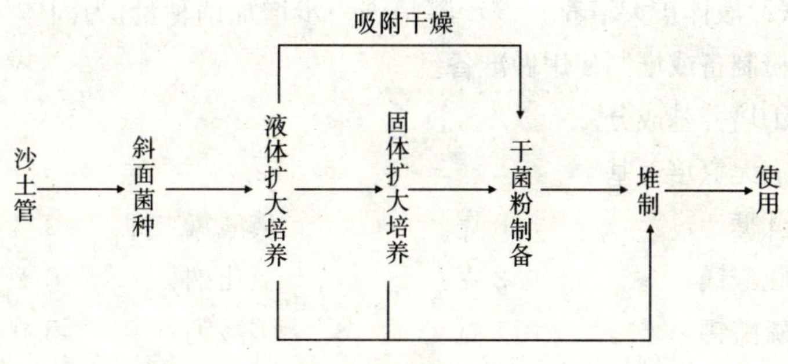

图6-3　钾细菌肥生产工艺流程图

(1) 斜面菌种的制备 制备斜面菌种的目的是活化菌体，使菌体或芽孢从休眠状态恢复到生命旺盛阶段，并繁殖扩大菌体数量。

①斜面培养基成分。

蔗糖	10克	碳酸钙	1.0克
磷酸氢二钾	0.5克	干酵母	0.4克
硫酸镁	0.2克	琼脂	15～18克
氯化钠	0.2克	洁净水	1000毫升

②操作方法。先将各成分溶入水中煮沸，加入琼脂，使之溶解，分别装入试管，塞上棉塞，外包牛皮纸。在103～108千帕压强下灭菌30分钟或用蒸汽间歇灭菌3次。趁热放成斜面，待凝固冷却后接种。放在26～30℃培养室中培养3～4天，斜面上即可生成黏液状无色透明菌苔。

③斜面菌种的鉴定。无杂菌污染的斜面菌苔是无色透明的，表面具光泽，边缘整齐，呈黏液状的凸起。用接种针挑动能拉起较长的菌丝。用亚甲蓝染色镜检时，结果为不被染色的荚膜杆菌，也可用苯酚—复红染色进行镜检。革兰氏染色呈阴性。也可用荚膜染色法来区别荚膜和菌体。如没有这些特点，或有其他颜色、特征不同的菌落，则说明已产生污染，不能用于生产。

(2)液体扩大培养 该步骤是进一步增加菌种量，为固体生产、干菌粉制备或堆制使用做准备。

①培养基成分。

·无氮培养基。

蔗糖	5.0克	磷酸氢二钾	0.2克
硫酸镁	0.2克	氯化钠	0.2克
硫酸钙	0.1克	碳酸钙	5.0克
洁净水	1000毫升		

也可用下列代用品配制培养基试用：

蔗糖	5 克	钙镁磷肥(或磷矿粉)	0.2 克
长石粉	0.2 克	食盐	0.2 克
石膏粉	0.1 克	石灰石粉(或贝壳粉)	5.0 克
洁净水	1000 毫升		

调整 pH 至 7.2～7.4。

·淀粉铵溶液培养基。

可溶性淀粉	5.0 克	硫酸铵	0.1 克
硫酸镁	0.5 克	磷酸二氢钾	2.0 克
碳酸钙	0.1 克	酵母粉	0.2 克
1%三氯化铁溶液	30 毫升	洁净水	1000 毫升

②操作方法。将各成分按配方称好,充分溶解搅匀,每 250 毫升三角瓶(或其他能耐高温高压的细口瓶)装 100 毫升培养液,塞上棉塞。在 103～108 千帕压强下灭菌 30 分钟或以蒸汽间歇灭菌 3 次。冷却后,用斜面菌种或种子液接种。放在 26～30℃培养室中培养 3～4 天,即可作液体种子或直接施用。

③液体培养时选择上述两种培养基,经多次培养观察比较,可发现两种培养基各有特点。

用无氮培养基时,可以静置培养,生长良好,这样可以不用振荡设备;菌体将瓶底的碳酸钙沉淀物胶结成难以分散的菌胶团,如受杂菌污染,则菌液底部不能形成牢固的菌胶团,因此易于肉眼观察其生长优劣;将无氮液体培养菌剂接入固体培养基后一般生长繁殖较快,但它在作液体种子或直接施用时难以分散均匀;培养基需以糖作碳源。

用淀粉铵溶液培养时,需要振荡培养,每天定时摇瓶 5～6 次或用振荡设备摇瓶培养;钾细菌在淀粉铵培养液中形成芽孢,能增强其抗逆性;将淀粉铵种子液接入固体培养基,一般生长稍慢,这可能与促使其形成芽孢有关;菌液均匀,容易分散;用淀粉作碳源,碳源来源广泛,如可用淘米水等作碳源。

进行液体培养时，培养基的选择要根据具体条件来定。

(3) 固体扩大培养

①取腐熟的凼肥、堆肥、火土灰或草炭，经晒干、粉细、过筛，加入0.1%钙镁磷肥或磷矿粉拌匀，调湿至手捏成团、触之即散的程度，分装入广口瓶(或其他耐高温高压的大口瓶)中，用双层纱布棉花垫扎口。在118～137千帕条件下灭菌1小时或用木甑长温灭菌24小时。冷却后用种子菌液接种。放在26～30℃培养室中培养5～7天。在固体培养基中加入5%左右的木薯渣，菌肥含菌量可大大提高，见表6-1。

表6-1　固体培养基加入木薯渣对钾细菌增殖的影响(亿个/克)

处理	第一次	第二次	平均
草土100%	34	34	34
草土95%+木薯渣5%	88	80	84
草土95%+磷矿粉5%	42	33	37.5
草土90%+磷矿粉5%+钾矿粉5%	33	38	35.5
草土85%+磷矿粉5%+钾矿粉5%+木薯渣5%	67	68	67.5

固体扩大培养的具体做法：先将木薯渣加水煮成糨糊状，再拌入固体培养基。加有木薯渣的固体培养基接入钾细菌并培养后，表面呈现具有光泽的透明菌落，颗粒之间很黏，可拉成不太长的菌丝，形如斜面上的菌苔。硅酸盐形态的钾细菌在碳源尤其是糖类充足的情况下，产生荚膜黏液也较多。木薯渣经煮熟后，其中淀粉变成糊精和易被硅酸盐钾细菌利用的糖类，还可能含有某种生长素类物质，因此能够促进钾细菌的增殖。

②在上述培养基中按总量加入0.5%面粉和0.1%硫酸铵，拌匀，装瓶灭菌后，再接入种子菌液，放在26～30℃培养室中培养5～22天。上述两种培养基中，如培养钾细菌后马上使用，则以第一种较好；如用于制作干菌粉或作较长时间的贮存、运输，则以第二种较

好。固体菌剂可以直接施用，也可以密封后运输或贮存。

(4)钾细菌干菌粉的制备　为了保证菌肥质量，防止杂菌污染造成霉变，便于包装、运输和贮存，可以根据硅酸盐钾细菌能形成芽孢的特点，制作干菌粉。制作钾细菌干菌粉可用固体菌剂干燥和培养菌液吸附干燥2种方法。

①固体培养菌剂干燥法。将已培养好的固体菌肥放在无太阳直射的无菌室内，在35～40℃条件下进行缓慢烘干处理。不宜在50～60℃高温下急速烘干，因为钾细菌由菌体形成芽孢的时间较长，在无氮培养基上需要7天左右，在有氮淀粉培养基上也需要3天左右，如果高温烘干，则由于烘干速度太快，钾细菌来不及形成芽孢而在营养体阶段就因干燥失水而死亡，造成干菌肥含菌量不高。

②培养菌液吸附干燥法。将培养好的二级菌液，按1∶2的数量拌入经灭菌冷却后的草炭、钾长石粉或泥炭细砂中，拌匀后放在35～40℃无菌条件下烘干。

菌剂经烘干粉碎后，即可用灭过菌的牛皮纸袋或塑料薄膜袋包装，运输或置于干燥阴凉处保存备用。

(5)钾细菌的扩大堆制　钾细菌肥的扩大堆制，就是在不灭菌的自然条件下，使钾细菌迅速大量增殖。

①在菌肥施用前1星期左右，可以将培养好的菌液、固体菌剂或干菌粉撒入腐熟的卤肥中，混匀后施用。

②扩大堆制。取干卤肥或已腐熟的堆肥，粉碎，过粗筛，摊开后按5%接种量撒入固体菌剂或干菌粉。或用菌液兑水泼匀，再喷清水，边喷边拌，直到湿润均匀，达到手捏成团、触之即散的程度。选择阴凉干燥处起堆，堆宽1～1.3米，以方便操作为宜，堆高0.3～0.7米，堆高视气温高低而定，气温高时可堆低一些，气温低时可堆高一些。堆好后，再在堆上补喷清水，使其含水量为32%左右。上面盖干净整洁的稻草，防止水分蒸发。1周左右即可施用。

质量检查:肥料堆的上、中、下、内、外湿度应均匀,色泽一致,无霉菌生长,无其他臭味和霉味,在中下层团粒上隐约可见湿润的光润物。

第七章

有机无机复混肥料生产和施用技术

有机无机复混肥料是一种既含有机质又含适量化肥的复混肥。它是将粪便、草炭等有机物料进行微生物发酵等无害化和有效化处理，并添加适量化肥、腐植酸、氨基酸或有益微生物，经过造粒或直接掺混而制得的商品肥料。国家对该肥料的质量有具体的要求，如2002年国家标准规定，其有机质含量不少于20%，氮、磷、钾养分总量($N+P_2O_5+K_2O$)不少于15%等。有机无机复混肥料一般每亩施用100～150千克，可以作基肥，也可以作追肥和种肥。

有机无机复混肥料是利用工农业生产的有机废弃物，采用节能减排的氨酸法生产出来的，属于肥料新品种，符合国家产业政策。

该肥料生产技术采用科学的配方，提高了各种肥料利用率，减少了由于过多施用无机肥料而造成的各种污染，从根本上解决了水体和环境污染问题，维持了自然的生态平衡。该技术的推广实施对改变多年来不合理的施肥制度及其所带来的危害具有现实意义。

一、复混肥料简介

1.复混肥料的定义

中国国家标准《肥料术语及其定义》(GB/T6274-1997)对复混肥料给予的定义为：复混肥料是指氮、磷、钾三种养分中至少有两种养分标明量的、由化学方法和(或)掺混方法制成的肥料。为使仅以化学方法制成的复混肥料(如磷酸一铵、磷酸二铵、磷酸氢钾、硝酸磷肥、钙镁磷钾肥等)与以掺混方法制成的复混肥料加以区分，上述国家标准规定了下列术语和定义。

复合肥料是指氮、磷、钾三种养分中至少有两种养分标明量的、仅由化学方法制成的肥料，是复混肥料的一种。

掺合肥料是指氮、磷、钾三种养分中至少有两种养分标明量的、由干混方法制成的肥料，是复混肥料的一种。

复混肥料又称“多元肥料”，按照土壤条件和作物需要，它可以使用几种单一肥料和(或)复合肥料作为基础肥料，配制成氮、磷、钾养分组成不同的二元或三元复混肥料。在这些肥料中，可以含有一种或几种次要养分和(或)微量养分。此外，它还可以含有有益于肥料有效使用、有益于作物健康生长或有益于动物营养健康的其他物质。复混肥料是近代化肥品种中发展最快的品种。在化肥工业发达的国家里，它已发展成为主要的化肥产品之一;在化肥工业正在发展的国家里，它将是肥料发展的必然趋势之一。

2.复混肥料的种类

复混肥料按照不同的分类方法，可以分为以下 5 种类别。

①按物理掺混或仅由化学加工制成，复混肥料可分为掺合肥料及复合肥料。

②按物理状态，复混肥料可以分为固体复混肥料和液体复混肥料两大类。固体复混肥料按其形状不同又可分为粉状复混肥料和颗粒状复混肥料。粉状复混肥料以干混方法制成，是掺合肥料的一种。颗粒状复混肥料又可分为 2 种，一种是以掺混方法制成的颗粒掺合肥料，它是用 2 种或 2 种以上的颗粒氮、磷、钾基础肥料(包括单一肥料和复合肥料)掺混制成的，并且配料的颗粒大小大致相同。另一种颗粒复混肥料是用粉状、浆状或熔融状基础肥料通过粒化工艺制

成的。

液体复混肥料分为溶液复混肥料和悬浮液复混肥料。溶液复混肥料是指液体中所有组成成分均是溶液状的肥料。悬浮液复混肥料则是一种含有固体成分的液体混合肥料。在悬浮液中加入了一种胶状物质，使这些固体成分悬浮在悬浮液中，这种胶状物质增加了悬浮液的黏性，并减缓了悬浮液沉淀的速度。

③按氮、磷、钾养分中所含标明量的养分的种类，复混肥料可分为氮磷复混肥料、氮钾复混肥料、磷钾复混肥料和氮磷钾复混肥料。

④在我国，按其氮、磷、钾总养分含量高低，颗粒复混肥料分为高浓度、中浓度和低浓度三类。

⑤按施用范围及功能，复混肥料可分为通用型复混肥料和专用型复混肥料。通用型复混肥料（如 $N-P_2O_5-K_2O$ 15－15－15 或 12－12－12）适用的地域及作物的范围比较广泛，但其中某一种或两种有效养分可能过剩，造成浪费；而另外的有效养分又可能不足，成为作物产量提高的限制因素。

专用型复混肥料仅适用于某一地域的某种作物，比如麦类、稻类、黍类、豆类、瓜类、菜类、果类、烟叶类等。复混肥料在类与类之间有一定的专用性，在同类之间又有一定的通用性。专用型肥料的配料所使用的养分配比（包括所需的中量养分及微量养分）针对性强，养分能充分利用，从而具有较好的经济效益。

专用肥料中还包括多功能专用型复混肥料和动物需要型专用复混肥料。前者将除草剂、农药及激素等科学地添加到复混肥料中，使复混肥料具有多种功能，这类产品很受用户欢迎，社会效益很高；后者拓宽了复混肥料的施用范畴。目前，鱼塘养鱼就使用了鱼类专用型复混肥料。

3.复混肥料的特点

(1)养分齐全、配比合理、肥效好　复混肥料最显著的特点是可以配制成含有多种养分(包括主要养分、次要养分和微量养分)、养分配比经济合理、针对性强的多种复混肥料品种,来满足某一地区大部分作物或某一类土壤、某一种作物的需要,以达到稳产、高产的目的。

不同土壤对养分形态常有不同的要求。旱地作物如烟草、多种蔬菜等喜硝态氮,但硝态氮在水稻田中的效果则较差,水稻等生长在淹水、酸性环境下的植物表现出喜铵态氮的特点。尿素也是水稻的理想氮肥。中国南方的酸性土壤可配以较高比例的酸溶性磷,如钙镁磷肥;而碱性土壤则要加入高比例的水溶性磷;喜钾忌氯的作物如马铃薯、柑橘、葡萄、烟草等,要配入硫酸钾等无氯钾肥。

复混肥料中可配加钙、镁、硫,这些元素除了作为营养元素(如镁盐可提高甜菜糖分、提高玉米质量)外,还可作为土壤调理剂,以维持适宜的土壤 pH,使养分能被植物有效利用,并增强作物的抗病虫害能力。

按照土壤条件和作物需要,可配加微量元素,如配加钼在大豆上,配加硼在油菜、棉花上以及配加锌在玉米、水稻上,均能取得良好的效果。在稻谷和甘蔗地上施加有益元素硅,也能取得显著的增产效果。

由于复混肥料尤其是专用型复混肥料,是按作物生长中缺什么养分就配入什么营养元素,缺多少量就配入多少量,喜欢什么形态的养分就配入什么形态的养分而制成的,因而其养分利用率高、施用效果好。

(2)物理性状好,适用于机械化施肥 耕作机械化是现代化农业生产的必然趋势,复混肥料的生产和发展适应了机械化施肥的要求。世界各国生产的固体复混肥料绝大多数是颗粒肥料,在物理性状等方面具有下列优点:

①颗粒肥料的比表面积小,大大减少了结块的可能性。

②颗粒肥料具有良好的流动性,易于机械化装卸和施肥。

③颗粒肥料的堆密度小,相应地降低了包装、贮存或运输费用。

④颗粒肥料在装卸和施肥操作中产生的粉尘量少，可减少对环境的破坏和肥料损失。

⑤颗粒肥料的粒径一般为1～5毫米，是机械化施肥最适合的粒径。

⑥颗粒肥料在土壤中的养分溶出速率比较小，减轻或消除了对根部的伤害，同时也减少了氮养分的淋溶损失。

⑦制成颗粒的水溶性复混肥料比表面积小，从而减轻了被土壤中铁离子、铝离子固定的机会，其肥效比粉状复混肥料高；对于液体肥料，在已普及生产和消费的国家或地区，可以很方便地加入到灌溉水(或喷灌水)中施用。

(3)简化施肥程序，节省农业劳动力　随着农村经济的多元化发展，农业劳动力逐渐减少。传统农业中，农民使用几种基础肥料，自已混拌这些有粉状也有粒状的物料，既花费劳动力又花费时间，还很难混匀，所配制的混拌肥料也不便于采用多种施肥方法。如配制的肥料不能适合作物生长要求，往往需要多次追施。若选用有较强针对性的复混肥料，则既可节省劳动力，又可简化施肥程序。一般在播种前或种植时，将复混肥料作为基肥施用。作物生长全程所需的全部或大部分磷和钾以及一部分氮由复混肥料供给，其余部分氮则以“表施”或“侧施”形式追施补给。例如有些欧洲国家80%～85%的磷养分、85%～90%的钾养分和35%～45%的氮养分均制成复混肥料提供给作物。

(4)效用与功能不断发展　与农业科研和实践相结合，复混肥料的效用在不断发展。如硝化酶抑制剂及脲酶抑制剂的配入，提高了氮养分的利用率；配加稀土元素的复混肥料在棉花种植中有增产效果；缓释型复混肥料在美国和欧洲等地已主要用于非农业市场，如高尔夫球场等。在复混肥料中科学地配加除草剂、农药等，可增加复混肥料的功能。世界各国都很重视研究和发展复混肥料，现已有100多个国家和地区施用复混肥料。可见，发展复混肥料是科学技术进步的标志，也是实现农业现代化的需要。

二、有机无机复混肥料优化养分利用的原理

1.有机无机复混氮肥优化氮养分利用原理

有机无机复混氮肥通过有机物料对化学氮肥与土壤直接接触设置了物理障碍，或者有机物料中的活性有机官能团与化肥中氮元素键合，从而缩短氮元素的溶解和转化时间，减缓养分供应，更加适应作物需求。木质素包膜缓释尿素土壤淋溶试验结果表明，淋溶前期，全氮和铵态氮淋出量相比普通尿素没有显著差异，但淋溶中后期，木质素包裹尿素的氮元素溶出变缓，培养淋溶 30 天后，木质素包裹尿素的氮元素溶出比普通尿素减少了 12%。利用化学法和波谱法等对腐植酸与化学肥料的络合物的研究发现，腐植酸中的羧基、酚羟基、羰(醛)基等活性基团可以与尿素分子发生离子交换、氢键缔合、羧基加成、自由基反应而形成氢键、络合配位键、离子键或共价键，以及物理－化学吸附作用，形成的化学键都具有较高的化学稳定性，使氮元素释放表现出一定的缓释性，减少作物生长前期的氮元素损失，增加作物生长中后期的氮元素供应，表现了有机无机复混氮肥在农业应用中延长肥效期、提高氮元素利用率的作用。

另有研究认为，有机无机复混氮肥对土壤中脲酶活性有抑制作用，主要表现为对硝化细菌活性的抑制。腐植酸对土壤脲酶活性抑制率为 9%～30%，使尿素转化速度降低，也减少了因硝化和反硝化作用造成的氮元素损失，从而提高了氮元素利用率。泥炭、风化煤等含有丰富的天然腐植酸，对土壤脲酶活性具有较强的抑制作用，而且与脲酶抑制剂苯基邻酰二胺等相比，具有易降解、无残留的优点。

不良的土壤质地(如过沙、过黏等)不利于土壤对氮元素的吸附以及作物对养分的吸收。研究认为，腐植酸尿素可以有效改善土壤结构，提高尿素肥效，具体表现在以下 2 个方面。

①沙性土壤中的沙粒含量较高，沙粒表面很少带有电荷，尤其是负电荷，因此，尿素转化为铵离子后不易被吸附，并被淋溶到土壤下层，如果不能被作物充分吸收，则容易造成氮元素损失，导致尿素利用率降低；当农田中施用腐植酸尿素后，所含腐植酸能够使土壤 pH 降低，一方面使铵离子不易转化为氨气而损失，同时腐植酸对沙粒起到包被的作用，腐植酸电离后使沙粒表面带有一定量的负电荷，能够增加沙性土壤对铵离子的吸附，从而减少氮元素损失，提高作物对养分的吸收利用。

②在黏性土壤中，土壤结构致密坚硬，也不利于农作物的生长及其对养分的吸收。当土壤中施入腐植酸尿素后，所含腐植酸容易与较小黏粒复合，经胶结形成复合体，从而形成良好的团粒结构，有利于农作物对土壤氮元素的吸收，从而提高尿素的肥效。此外，有机无机复混肥料含有较多的有机质，养分比例比较合理，肥效较高且稳定，也可改善土壤供肥环境。

2.有机无机复混磷肥优化磷养分利用原理

在磷肥有效性的研究中，利用有机肥、木质素、腐植酸、低分子量有机酸等外源物质来改善土壤供磷环境，可以减少土壤对磷元素的固定。有机物活性官能团或有机酸分子对金属离子具有较强的络合能力，从而减少磷被铝、铁、钙等金属离子的固定，以提高磷的有效性。将化肥磷施入土壤后，磷酸根离子与土壤胶体中的阳离子，如钙、铝、铁等离子，极易发生络合，进而生成沉淀，影响作物对磷酸根离子的吸收而导致磷的利用率下降。

有机物料及腐植酸中活泼的含氧官能团与磷肥有效结合，并生成腐植酸磷肥复合物，使得磷肥的结构特征发生改变，部分水溶磷转化成水难溶性磷，对磷起到部分缓释的作用。另外，这种络合物在土壤中比无机磷有较好的化学活动性。研究表明，通过生成腐植酸磷，能够使磷肥的固定率减少 85％左右。

3. 有机无机复混钾肥优化钾养分利用原理

有机物料具有疏松多孔的物理结构，含有丰富的有机官能团，对钾离子产生物理—化学吸附，能够有效减少钾离子在土壤中的淋溶损失，从而提高了钾的利用。使用红外光谱对有机改性后的氯化钾化肥的结构进行分析，结果表明，氯化钾原有的高分子膜层虽然被破坏，但提高了钾的有效性和长效性。利用土柱淋溶试验方法研究木质素钾肥的释放特性，结果表明，木质素缓释钾肥可以减少钾元素淋失，表现出一定的缓释性能。

由此可见，化肥被有机物料改性后，有机物料的物理—化学吸附作用使化肥氮磷钾的物理、化学性能得以改变。具体表现为：氮、钾养分释放缓慢，减少了损失，氮元素的转化过程也受到影响，磷肥被有机络合，减少了金属离子对磷的固定，增加了磷的移动性。

此外，有机无机复混肥料改善了作物营养环境，全面供给作物对营养元素的需求，使作物生长状况得到改善，间接促进了养分吸收。有机无机复混肥料养分齐全，几乎囊括了 16 种植物必需的营养元素，理论上只要配比合理就可以满足作物整个生育期的营养需要，以达到作物稳产增收的目的。例如，施用腐植酸尿素能增加根系生物量，增强根系活力，提高根系对营养元素的吸收能力，从而促进作物营养生长，使作物根系发达、植株茁壮，也为作物的生殖生长夯实基础。有机无机复混肥料还能提高叶片硝酸还原酶、超氧化物歧化酶、过氧化物酶等的活性，提高作物对养分的同化能力及抗逆能力。如中国科学院山西煤化所开发的一种腐植酸肥料，可以调节植物生理代谢，增强植物抗旱、抗寒、抗病害、抗盐碱的能力，从而改善作物生长状况，促进作物对养分的吸收。

三、复混肥料的配料原则

1.根据作物和土壤的需要配料

(1)作物所需养分及其生理功能、营养特性　作物生长发育必需的元素有16种，其中大量元素有碳(C)、氢(H)、氧(O)、氮(N)、磷(P)、钾(K)；中量元素有钙(Ca)、镁(Mg)、硫(S)；微量元素有铁(Fe)、锰(Mn)、锌(Zn)、铜(Cu)、钼(Mo)、硼(Be)、氯(Cl)。作物体内各种营养元素在作物的代谢过程中都起着重要的作用，其中有的作为细胞结构和代谢活性化合物的组成成分，有的维持细胞的组织机能，有的参与能量转化作用，有的则参与或促进酶反应。

作物对养分的吸收是一个很复杂的过程，一般认为作物吸收养分有被动吸收的物理过程和主动吸收的物理化学过程2种方式。通常这2种方式是互相配合进行的，但控制作物体内养分含量和分布的重要因素是主动吸收。

当土壤溶液中离子态养分浓度高于根内的离子浓度时，外界的离子态养分便可通过扩散作用有选择性地进入根内细胞壁、细胞与细胞间隙、壁膜间隙，部分进入细胞内被同化利用。作物主动吸收养分还能从比细胞内浓度低得多的土壤溶液中吸收养分。这种逆浓度吸收养分的能量靠细胞的呼吸作用供给。根部糖分不足、土壤板结、温度低都会影响作物的呼吸作用，从而影响养分吸收。吸收的少量可溶性有机态养分有氨基酸、糖类、磷脂、生长素、维生素和抗生素等，还能吸收二氧化碳等气体。作物除了主要通过根系吸收养分外，还可通过茎、叶吸收养分，通过茎、叶吸收的养分称为“叶部营养”或“根外营养”。叶部施肥时用肥少、吸收快，特别适合施用微量营养元素。例如作物在缺铁时，可以喷施铁化合物，可以防治缺铁症。对于大量营养元素和中量营养元素，在根部吸收养分不足时，叶面施肥可以作为追肥的辅助措施。

(2)土壤养分特性和保肥性、供肥性　作物生长发育所必需的营养元素，除碳、氢、氧主要来自空气和水分外，其余的氮、磷、钾、钙、镁、硫、铁、锰、硼、锌、钼、铜、氯等，都主要依靠土壤供给。土壤养分是指主要依靠土壤供给的作物生长发育所必需的营养元素。以土壤中有机质和不溶性矿物质养分为主，经过分解和转化后才能被作物吸收利用的养分，称“潜在迟效养分”。化学肥料和腐熟的有机肥中的一小部分被土壤胶体吸附的养分，能被作物直接吸收，称“速效性养分”。土壤中两种养分在一定条件下可以相互转化，并处于动态平衡的过程中。

从土壤养分的储量来看，迟效养分占绝大部分，占土壤养分90%以上。因此，判断土壤养分状况，不能只看养分含量的多少，还要看养分存在的形态和转化的难易程度。土壤中可吸收的铵态氮和施入土壤中的氮元素会发生硝化和反硝化作用，反硝化作用会生成亚硝酸盐，形成游离的气态氮并挥发损失。

(3)影响作物从土壤中吸收养分的因素　作物从土壤中吸收养分首先取决于土壤养分状况。通常土壤溶液中养分浓度增高时，作物根部吸收养分的数量也随之增多。当某一养分浓度增加到一定程度时，即使该养分浓度再增加，作物也不再多吸收该养分，多施该养分不仅造成浪费，还会烧伤作物，破坏生态环境。

土壤溶液中离子态养分的相对含量对作物吸收也有影响。养分之间产生减效、等效或增效现象。在通气性良好的土壤上，作物吸收养分较多。通气性特别好的土壤(如砂土)的保肥性能差，复混肥料宜分阶段施入，避免淋溶损失。排水不良或板结的土壤的通气性不良，作物对养分吸收较少，除通过深耕、中耕疏松土层、合理排灌来调节土壤通气状况外，还可通过增施有机无机复混肥料来改善土壤结构，改善根系养分吸收的能力。

(4)长期施肥对作物产量和土壤肥力的影响　检测长期施用肥料对作物产量、土壤肥力和环境的影响的可靠方法是肥料长期定位

试验。研究表明，化肥只有在氮、磷、钾配合施用时，才能获得高产、稳产；化肥与有机肥配合施用可进一步提高产量。有机肥有叠加效应，肥效逐年上升。

从土壤理化和生物性状测定结果可以看出，有机肥能明显提高土壤肥力，配合施用氮、磷、钾化肥也能提高土壤肥力。在长期施用氮、磷、钾化肥的情况下，土壤中某些有效态的微量营养元素有下降趋势，如不注意补充，这些元素可能成为新的养分限制因子。施用有机肥可使微量营养元素得到补充，使其含量维持原有水平或明显提高。配合施用氮、磷、钾化肥时，氮肥的利用率为40%左右，磷肥的利用率为20%～40%，缺钾土壤的钾肥利用率为60%左右。显然，在长期施用化肥的土地上，施用有机无机复混肥料是十分明智的选择。

2.根据作物生长需求确定复混肥料的原料组分

根据作物生长以及土壤基本情况，可以制定出复混肥料的配方。在生产复混肥料时，要根据各组分的性质，科学确定复混肥料的原料及其配比，以提高生产效率。

(1)复混肥料中各元素间的协同与拮抗 复混肥料中各元素在土壤溶液中呈离子状态，对作物吸收产生3种作用。

①协同作用——两种养分之间相互促进吸收，即两种养分配合施用时的增产效果大于每种养分单独施用时的增产效果之和。如氮与磷、磷与镁之间。钙离子能促进钾离子的吸收，硝酸根离子、磷酸根离子、硫酸根离子等阴离子能促进钾、钙、镁等阳离子的吸收。

②等值作用——两种养分配合施用时的增产效果等于每种养分单独施用时的增产效果之和。

③拮抗作用——两种养分之间相互抑制吸收，即两种养分配合施用时的增产效果小于每种养分单独施用时的增产效果之和。如磷与锌、铁、铜，钾与铵、钙、镁，钙与硼、铁、锰等。钙离子浓度增加可以对抗镁离子的吸收；镁离子浓度增加可以对抗钙离子和钾离子的吸

收;钾离子浓度增加可以对抗钙离子、镁离子和铵离子的吸收;铵离子浓度增加可以对抗钾离子的吸收。硝酸根离子、磷酸根离子、氯离子等阴离子之间也有拮抗作用。

离子间相互影响的情况很复杂,在某种浓度下是拮抗的,而在另一种浓度下可能是协同的。如当钙离子和钾离子浓度比低于30:1时,钙离子对大麦吸收钾离子有协同作用;当钙离子和钾离子浓度比高于30:1时,则钙离子与钾离子产生拮抗作用。离子间相互影响的作用,对不同作物的反应也不完全相同:如对于大麦和玉米,钙离子对镁离子有拮抗作用;而对大豆来说,上述拮抗作用则影响较小。复混肥料应尽量避免或减少产生土壤溶液中离子间的拮抗作用。

(2)复混肥料中营养元素的配伍 复混肥料营养元素组成中涉及相互配伍的问题,如2种或2种以上单质化肥及中量元素、微量元素肥料之间能否混配;它们与含有机质、腐植酸的有机肥料能否混配;它们与防治病虫草害的农药能否配伍等。复混肥料营养元素之间相互配伍的一般要求是:配伍时发生的物化现象能改善或不削弱混合料的质量。但在有些情况下发生的化学反应往往产生大量的不利物质,或使某单一组分的质量变差,如降低磷的溶解度(退化)或使氮化合物分解逸出氮化合物等。在混合时发生退化或使物性变差的肥料属于"不可配混性的"。有些肥料则属于"低可配性的"或"有限配混性的",这些肥料在混合时,肥料的物理性状会发生不利的变化,具有明显的成浆团和结块性。这些肥料在一般情况下,只能在临时施入土壤前进行混合。若配伍比例得当,它们也属于"可配混性的",如尿素和普钙或重钙混配时,可使粒状复混肥料产品光滑发亮,改善产品性能。

四、复混肥料的生产方法

各个国家或地区的复混肥料生产工艺的选择取决于各自的条件。这些条件是:基础肥料的品种结构和生产布局;肥料的运输、贮

存体系和设施；农业生产布局、肥料市场结构；施肥机具条件。一个国家往往同时存在多种复混肥料的生产工艺和销售分配结构。随着基础肥料生产水平的变化，复混肥料的生产方式也随之变化。复混肥料的生产主要有干法掺合工艺、团粒法造粒等 8 种生产工艺。

1. 干法掺合工艺

干法掺合工艺分为粉状肥料的掺合和颗粒肥料的掺合。

(1)粉状肥料的掺合　粉状肥料的掺合是指将各种基础肥料粉碎后混合的一种加工工艺。首先按配方比例分别称取基础物料，如过磷酸钙、硫酸铵、氯化铵和钾盐，然后进行混合。混合一般在转鼓混合器中进行。在混合之前或之后，物料通常要经过破碎，并能过 6 目筛。

这些混合料在贮藏中经常会出现结块现象，为防止结块现象发生，许多工厂都将混合物料存放若干周进行“熟化”，使化学反应接近完全，然后破碎至能过 6 目筛后装袋。早期的防结块方法是掺入经过磨碎、干燥的动植物废弃物料，使物料松散，同时提供少量养分。也可以通过加入石灰石粉来中和过磷酸钙的酸性，改善过磷酸钙的物理性状。

有些国家曾对过磷酸钙进行轻度氨化，可以改善过磷酸钙的物理性状，并提供一部分氮元素养分。我国的一些工厂往往使用碳酸氢铵或钙镁磷肥进行处理，同样起到提供氮或磷养分并改善结块性的作用。

(2)颗粒肥料的掺合　颗粒肥料的掺合是指在粉状掺合的基础上发展起来的一种特殊方法。掺混的原料全都呈颗粒状，并且颗粒大小大体上一致。所用原料有单一肥料，也有基础复合肥料，如尿素、氯化铵、硝酸铵、硫酸铵、重过磷酸钙、磷酸一铵、磷酸二铵以及氯化钾等颗粒肥料。

颗粒掺合肥料的生产方法很多，通常的生产方法是将原料物料

卸入仓库，分别堆存，经铲运、粗筛除去杂质后，卸入分隔的贮斗；然后运到称量装置，分别称量后送入混合机；再将混合的物料运往成品贮斗；最后装入货车散装外运。

掺合肥料的技术要求是基础肥料颗粒大小均匀一致。两种或两种以上原料肥料颗粒大小不相同，会导致掺合肥料养分的不均匀。如肥料在运输中受到振动、装卸过程中肥料的流动和施肥时的抛掷等，都会引起肥料颗粒分离。肥料颗粒的相对密度和形状对颗粒分离的影响很小。养分不均匀的复混肥料在施入土壤后，会出现田块中某种养分过量和某种养分短缺的情况。

2.团粒法造粒

团粒法造粒是上述干法掺合工艺增加的一个造粒步骤，也称"干料混合造粒法"。

团粒法造粒的原理是：将粉末状的干质混合料加水或通入蒸汽，或添加具有高分散度微粒的黏土、高岭土等有助于产生黏结力的物质，借助肥料盐类的液相使之黏聚，再借助于外力使黏聚的颗粒产生运动，相互间的挤压、滚动使其紧密成型。然后这些颗粒经过干燥和过筛，尺寸过大的颗粒被破碎，较细的颗粒返回造粒机重新造粒。合格的产品需经过冷却处理，再涂上调理剂，以防止结块。为了保证调理剂的黏着力，常在颗粒上喷一些油，以改善颗粒的物理性状。

团粒法主要在英国和其他一些欧洲国家发展较快。伊里奇(Eirich)混合机法是最早获得成功的方法之一。该混合机通常是一种水平状的旋转盘，装有旋转盘偏心的混合叶片。造粒过程靠添加水和(或)蒸汽进行调节。混合机是间歇操作的，相继把得到的批料卸到一条向干燥机连续供料的运输带上。只要操作恰当，混合机就能很好地完成复混肥料的造粒任务。目前，在欧洲的某些装置中，还用它来制取小批量的颗粒复混肥料。

团粒法造粒工艺曾经出现过许多形式不同的设备和工艺。水平

或倾斜的回转盘是较为成功的一种造粒机。我国一些小型装置使用较多的是倾斜盘式造粒机，有些造粒盘还装有混合叶片。在某些方法中，造粒过程主要发生在干燥窑内，混合机的搅拌和增湿使物料产生稠性，以促进在干燥过程中进行有效的造粒。

团粒法造粒是目前我国颗粒状复混肥料的主要生产方法，也是国际上普遍采用的生产方法之一。根据使用造粒设备的不同，可分为圆盘成粒、旋转鼓造粒和双桨混合成粒等工艺。目前前两种造粒方法在我国复混肥料厂生产中广为采用，其技术成熟、质量可靠。其中，旋转鼓造粒已经是而且仍将是最普遍使用的方法，欧洲通常称之为“蒸汽造粒法”。旋转鼓在进料端带有一个护环，但在卸粒端没有。蒸汽从加料端物料床下面放出，而水通过沿鼓轴安装的几个喷嘴喷洒在物料床上。造粒过程靠蒸汽和水的加入量来控制。

3.借助起化学反应的物质进行干料造粒

该方法是借助于能起化学反应的物质产生的反应热进行干料造粒的。

美国造粒工艺的发展比英国和欧洲其他国家晚，除了早期的几个装置外，美国的造粒工艺都是以化学反应为基础的。开始时，主要的反应是过磷酸钙的氨化预处理，接着由于添加硫酸或磷酸而要用更多的氨中和，该方法也得到了一定程度的发展。

由美国一家公司开发的连续氨化—转鼓造粒机对美国的造粒工艺有着重要的影响。起初，开发连续氨化机的目的是(与普遍应用的间歇式混合器相比)能更好地使过磷酸钙氨化。然而，在氨化过程中常常出现造粒现象，并且这种造粒现象能够靠加入水、蒸汽或靠调节配方加以控制，以便提供足够的化学反应热，使混合物料的温度增加到80～100℃，因而造粒过程得以在最低湿度下进行。当过磷酸钙氨化中的反应热不足时，要在加氨的同时加硫酸或磷酸，以增加总的化学反应热。

自从过磷酸钙的氨化处理实施以来，它在欧美国家，尤其是在美国，已成为普遍采用的方法。在我国，通常采用的处理方法是使用钙镁磷肥或碳酸氢铵，它们在提高复混肥成粒效率和改善物理性状方面也取得了良好的效果。

4.料浆造粒法

料浆造粒法的料浆通常是用磷酸或硫酸（或这些酸的混合物）与氨和（有些情况下）磷矿石反应制备的。这些方法当中的每一种工艺在造粒前均可将固体物料如钾盐、尿素或返料加入料浆里，或者在造粒中将它们与料浆混合，以生产出多种不同组分的复混肥料。在某些工艺中，例如磷酸铵的生产，一部分化学反应可以在造粒机里完成。造粒机通常是一个转鼓，或者是某种形式的圆筒掺合机。循环的返料通常都加入造粒机，而且数量要充足，以便把液相减少到造粒需要的程度，提高生产效率。

通常使用的料浆造粒装置类型有以下几种。

(1)喷浆造粒干燥机 这是一种造粒和干燥合并在一个回转筒内完成颗粒肥料生产的装置。该装置在硝酸磷肥造粒中普遍使用，也可应用于磷酸铵—硝酸铵的造粒、尿素—磷酸铵的造粒和干燥。

在这种喷浆造粒、干燥的工艺中，中和了的料浆迎着转鼓中固体下落料所形成的帘幕喷洒，形成雾状飞沫，同时吹入干燥用的热炉气。因为颗粒多次循环通过喷雾区之后才离开转鼓，所以能够分层造粒，并使水分迅速蒸发。当料浆中的水分含量低时，绝大部分产品是符合尺寸规格的，仅有一小部分需要作为返料重新造粒。用这种方法生产出来的颗粒具有很好的性能，颗粒的大小可以根据需要而调节。欧洲一些国家的装置生产的颗粒，一般粒径为 2～4 毫米。

另外一种是具有内循环的双转鼓喷浆造粒干燥机，使用的是含水 10％的磷酸铵、硝酸铵高温混合料浆。料浆通过在外转鼓内旋转床下的分布器喷入造粒机，从外转鼓出来的颗粒借助内部的料斗提

升，并把物料卸到内转鼓，在此加入钾盐和返料。内转鼓的出料则依靠重力卸到外转鼓，以此来维持高速内循环。

1991 年，成都科技大学和遵化化肥厂等参考苏联喷浆造粒干燥机增设内分级和内返料的经验，在内返料的基础上又在设备内增设破碎和筛分装置，开发出了具有“三内”特点（即内返料、内破碎、内分级）的喷浆造粒干燥机，并将原年产 3 万吨磷酸铵生产装置改造成年产 6 万～9 万吨氮磷钾复混肥生产装置。该装置在国内磷酸铵和复混肥料生产中已广泛使用。

(2)喷射床锥形造粒干燥机　喷射床锥形造粒干燥机是在造粒过程中进行干燥的装置。它是将中和了的磷酸铵—硝酸铵料浆与钾盐和返料进行混合后，与一股热炉气流同方向向上喷入该造粒机。在喷射床的中心，由于气体速度最快，颗粒向上移动，而床周围的颗粒向下移动，从而产生循环作用。每通过一次喷雾区，便在颗粒上加上一薄层涂层。生成的颗粒比较圆且硬，大小相近。返料比一般为2∶1。

(3)配有管式反应器的氨化粒化转鼓造粒机　配有管式反应器的氨化粒化转鼓造粒机早已广泛用于磷酸铵系列复合肥和氮磷钾复混肥料的料浆造粒工艺。通常使用管式反应器的生产方式是，用含五氧化二磷 45％以上的磷酸和部分氨（按磷酸一铵或磷酸二铵生产，控制不同的氨与磷酸的物质的量比）在管式反应器内反应，生成的料浆直接喷入造粒机中造粒，再由埋在造粒机颗粒层中的氨分布管进一步氨化，得到磷酸一铵或磷酸二铵的颗粒肥料。

在生产氮磷钾复混肥料时，钾盐可在造粒机进料端加入。造粒机出口的颗粒经筛分可获得成品。其余的细粉以及经破碎后的大颗粒作为返料返回造粒机进口端，造粒和干燥过程中逸出的氨和粉尘经喷淋稀磷酸的洗涤器逆流洗涤后返回磷酸系统。

5. 熔融造粒法

熔融造粒法是用熔融物料生产颗粒复混肥料的一种生产方法。该方法是将经熔融并能流动的熔料喷入冷媒(通常以空气或熔料不能溶解的液体如矿物油等作为冷媒),物料冷却时因表面张力而固化成为球形颗粒;或将熔料喷入造粒机内的返料粒子上,使其在返料粒子表面涂布,经过反复涂布直至颗粒大小符合要求。该方法的显著特点是不需要使用体积较大且昂贵的干燥机,并能节约干燥用的燃料。

还有一些联合的方法,在这些方法中,反应热足够用来把全部水分蒸发掉。例如,生产用的磷酸的质量分数已能够达到含五氧化二磷50%以上,生产用的硝酸的质量分数可以达到65%~75%(HNO_3)而不需要外部加热。这些酸与氨的反应足以将它们所含有的水分蒸发掉。硫酸生产中所副产的废热锅炉蒸汽可以用来浓缩其他酸或溶液,而且硫酸同氨的反应是放热反应。硫酸与磷酸和(或)硝酸的混合物同氨反应,常常为生产无水熔融物提供足够的热量。

在磷酸一铵、硝酸铵或尿磷铵的熔融造粒中,可以通过加入钾盐和其他固体基础肥料来生产氮磷钾颗粒肥料,其生产方法包括表面剥落(即在转鼓或运输带的水冷表面上固化)、造粒塔造粒、盘式造粒、喷浆转鼓造粒、转鼓造粒和双轴造粒等。

6. 浓溶液的造粒塔造粒法

造粒塔造粒法是熔融造粒法的一种特殊形式。在造粒过程中,进行造粒的物料都是单一的化合物,物料以熔融物或高度浓缩的溶液形式在稍高于物料熔点的温度下喷入造粒塔。

对含有两种或两种以上化合物的复混肥料进行造粒塔造粒是一个比较新的进展。造粒塔造粒法最初应用于硝酸磷肥的造粒,以后应用到磷酸铵—硝酸铵复混肥料的造粒。该方法的一个特殊要求

是：钾盐必须磨得十分精细，以防止造粒杯的孔隙堵塞，并且要将钾盐预热到足够高的温度，以防止熔融物的激冷。氯化钾与熔融物的混合时间必须很短，以免氯化物起催化作用，促使硝酸铵分解。

造粒塔熔融物造粒法的产品合格率很高，因此几乎没有什么返料，所得产品通常是形状接近球形的颗粒。对于大规模运转的装置，其基本投资和操作费用比通常的颗粒造粒装置低。但造粒塔造粒装置对原料具有某些要求，如混合物必须能够形成流体熔融物。用该装置所造颗粒的大小也不如颗粒造粒法那样容易在较大范围内进行调节。此外，该装置对温度、颗粒大小、混合时间和比例的控制，通常要比绝大多数造粒法的要求更严格。

7.挤压造粒法

挤压造粒法是指将两种或两种以上经破碎和搅拌均匀的基础肥料，在含水量较小的情况下，通过挤压机械形成块粒状复混肥料的一种生产方法。

在国内生产实践中，挤压造粒法已应用于生产尿素—过磷酸钙（或钙镁磷）、氯化铵（或硫酸铵）—过磷酸钙、氯化铵—磷酸铵和碳酸氢铵—磷酸铵系列肥料，每一系列肥料中均可添加氯化钾或硫酸钾，以生产三元复混肥料，或添加农药、激素等制成专用型复混肥料。

与团粒法相比，挤压造粒法的优点是节约了产品干燥所需要的能源，无需“三废”处理，而且厂房小、投资低，且在配方中可以添加有热敏性的基础肥料和有机物。

按我国复混肥料产品标准，挤压造粒机所生产的产品含水量较高，该造粒机只适宜生产低质量分数的复混肥料，在生产高质量分数产品时尚需改进工艺或采取干燥措施。此外，该造粒机的模板也较易磨损，需经常更换。转辊式挤压造粒机产品的颗粒形状不是圆形的，习惯使用圆形颗粒的农民，往往不喜欢这种颗粒。

8.流体或液体掺混法

流体或液体掺混法是用于生产流体状复混肥料的一种加工方法。液体复混肥料的生产和使用在美国的普及程度最高,在欧洲和美洲一些国家,如英国、法国、墨西哥等,也有大量的使用。在我国,仅有小批量生产的液体复混肥料,主要用于叶面施肥。

液体复混肥料有清液复混肥料和悬浮液复混肥料两大类。

(1)清液复混肥料 清液复混肥料以尿素或尿素—硝酸铵溶液、正磷酸铵或聚磷酸铵和全溶性氯化钾作为基本原料。清液中所有组成成分均是溶液状的。由于各种盐类在一定的温度下受溶解度的限制,与悬浮液复混肥料相比,清液复混肥料的养分含量较低。

对于一些特殊的施肥方法,如液面施肥,可以使用磷酸钾、硫酸钾等肥料。

磷酸盐最重要的来源是聚磷酸铵溶液。聚磷酸铵作为液体肥料有两个重要优点:一,它比正磷酸盐易溶解;二,除了可添加微量养分外,还可对湿法磷酸中大部分的杂质起螯合作用。

由过磷酸生产聚磷酸铵溶液可以使用两种方法。第一种方法是:将过磷酸、氨和水经计量后加入一个搅拌反应槽,控制 pH 为 6.0～6.5,用循环通过一个冷却器的方法把温度控制在 75℃左右,产品进一步冷却到 35℃左右,以便在贮存中使产品水解率降至最低程度。

第二种方法是:用原料酸转化率 10%～50%的过磷酸与氨在管式反应器中进行反应,反应温度为 340～390℃,反应产物—熔融物和蒸汽在冷溶液中急骤降温。冷溶液通过加入氨,使 pH 调整到 6.0～6.5。使用这种方法时,用含量只有 10%～20%的“低聚”酸就可以生产,通过管式反应器的脱水和聚合,产品中的聚磷酸铵含量可以提高到 50%左右。而“低聚”过磷酸比“高聚”过磷酸(50%左右)容易生产得多,而且黏度低,容易泵送。

由水、尿素—硝酸铵或尿素、聚磷酸铵和氯化钾生产清液复混肥

料是一个简单的混合过程，常常是分批进行的，所使用的水要有适当的纯度。如果聚磷酸铵是就地制造的，当它还热的时候，可以用它溶解各种固体成分，如氯化钾或尿素。溶解过程的吸热性还会促使聚磷酸铵溶液冷却，减缓其水解速度。

清液复混肥料的制备通常在串联的两台主混合器中进行。聚磷酸铵、固体硝酸铵、尿素、氯化钾和微量元素经分别计量后送入主混合器。当使用尿素—硝酸铵溶液时，将分别计量的尿素和硝酸铵溶液送入一个挡板混合器，经混合后通过冷凝器再加入主混合器。两台主混合器内均设有蛇管，视生产条件或使用蒸汽加热或用水冷却。将经过在主混合器内混合所制得的清液复混肥料产品泵送至贮槽。产品的总养分通常为16%～32%，个别产品可达到40%。

清液复混肥料具有以下优点：能源需要量较低；生产和使用过程中没有粉尘和烟雾；不存在固体肥料诸如吸湿性、结块性等物理性状方面的问题；贮运和装卸运输所需费用低，所需劳动力较固体肥料少；如有专门的设备，液体肥料的应用则比较方便和迅速；液体肥料能放在灌溉水中使用，特别适用于喷雾或滴水式灌溉；生产液体复混肥料的设备比较简单，而且价格便宜。

清液复混肥料的缺点：所使用的原材料必须是水溶性的，而且为了使液体肥料的养分含量较高，需要配制聚磷酸铵溶液作为基础肥料，而聚磷酸铵的生产需要大量过磷酸，且需要尽可能除去其中有碍清液肥料生产的杂质，因此在原料选择方面有局限性，而且有些原料比较昂贵，不太容易买到；清液肥料的浓度小于高浓度的固体肥料；清液肥料的配制应该能耐得住可能遇到的最低温度，以免产生结晶和沉淀；清液肥料的贮存和运输需要专用设备；利用灌溉水系统施用清液肥料需要有一定的条件，用简陋的设备分配和施用清液复混肥料需花费较多的劳动力。

(2)悬浮液复混肥料 悬浮液是一种含有固体成分的液体混合物，悬浮液中由于加入了一种胶状物质，使这些固体成分悬在悬浮液

中。胶状物质增加了悬浮液的黏性，并减缓了固体成分沉淀的速度。悬浮液中的固体成分常常是饱和溶液中的可溶性盐类，但也可能是一些不溶性物质。

生产悬浮液复混肥料通常使用的技术和原料与清液复混肥料所使用的基本相同，但其浓度是受流体的流度而不是受溶解度的限制。由湿法磷酸制成的含有不溶性杂质的正磷酸铵悬浮液可以作为复混肥料施用，但是聚磷酸铵的悬浮液质量更好。尿素—硝酸铵溶液通常是氮元素的来源，而细粒的氯化钾（不需要完全溶于水）通常是钾盐的来源。还可以添加一些难溶性物料，或能生成不溶性的物料，以提供中量养分或微量养分。

悬浮液复混肥料使用的悬浮剂有硅藻土、海泡石和钠基膨润土等。它们要给液体复混肥料提供良好的胶化性质和触变摇匀特性，因此需要用水或某种水溶液与悬浮剂按一定比例混合，经剧烈搅拌使之预分散和再絮凝。

悬浮液复混肥料在价格上的优势超过散装颗粒掺合肥料，它可以使用价格低廉的粉状磷酸一铵和磷酸二铵，也可以使用尿素溶液和固体尿素以及细颗粒的氯化钾。但使用悬浮液肥料需要特殊的设施和技术，通常是由专门的应用服务部门施用。

五、复混肥料施用技术

1.复混肥料施用技术内容

复混肥料的施用技术主要包括施用期、施用量和施用方法。

(1)复混肥料施用期 复混肥料中所含磷、钾等养分，多数呈颗粒状，与单质肥料相比，其溶解较缓慢。为此，复混肥料一般宜作为基肥或种肥施用。如施用大量复混肥料时，最好作基肥；施用量较少时，可集中作种肥。

(2)复混肥料施用量 复混肥料的用量计算一般以其中的含氮

量为准。一般来说，复混肥料中的氮、磷、钾等比例是按照作物的需要确定的，但由于原肥料的养分含量和可配性的限制，有时磷的含量可能会或高或低。因此，在计算用量时，除了主要考虑氮以外，还要考虑磷。如果以氮为准计算的用量过于提高或降低了磷的用量，那么就要以复混肥料中磷含量为准来计算用量，计算后如果发现氮量不够，就要用单质氮肥来补充。

至于具体要施用的氮肥或磷肥的量，就要根据不同土壤、不同作物以及计划要达到的产量水平和质量目标来确定。施肥量还要结合土地的情况来确定，比如当时的土壤水分和耕作情况、前作的施肥和产量水平、土地的灌排条件等，特别是能够配施的有机肥量。至于底肥和追肥所占的比例、追肥的次数等，就要结合当地的实际情况而定。总之，施用量是作物栽培技术中最为复杂的技术。用量不够不能获得高产，用量多了不仅浪费，还会造成减产。

(3)复混肥料施用方法　复混肥料的施用方法有撒施、沟施和穴施3种。水稻撒施复混肥料最好的时期在最后一次耙田或栽秧前打混水时，以便肥料均匀地拌和在耕作层中。果树在离树干0.5～1.0米处开环沟施肥。蔬菜、园艺作物可开直沟施肥。玉米、油菜等可先打穴再施肥，混匀后才播种或移栽。总之，旱地作物一定不要将种子(或幼苗)直接播(或栽)在肥料上，特别是含氯的肥料，否则会烧种烧苗。旱作施肥后需要淋水。

(4)要配施有机肥和微量元素肥料　有机肥是我国的传统肥料，它具有养分全、肥效持久、能够改良土壤、肥源充足等优点。施用复混肥料不能代替有机肥，复混肥料配施有机肥的施肥效果较好。配施时复混肥料用量可依有机肥的用量和质量而定。当前许多复混肥料都未加入微量元素肥料，因此，要根据各地土壤和作物情况有针对性地增施相应的微量元素肥料。

2. 几种主要作物的复混肥料施用技术

(1)水稻 水稻吸肥最多的时期在拔节期，此时肥料吸收量约占总吸收量的70%。所以要重施底肥，早施追肥，使秧苗返青快、分蘖早、有效穗多，为后期穗大、粒多、粒重打下基础，符合“前期烘得起，中期控得住，后期不脱肥”的农业经验。

(2)小麦 小麦植株在孕穗前所吸收的氮、磷、钾养分含量一般分别占总吸收量的56%、53%、70%。宜采取重施底肥、早施苗肥的措施，使小麦分蘖早，为后期有足够穗数、粒数打下基础。

(3)玉米 玉米的需肥量较水稻、小麦高。对玉米施用复混肥料除增加用量外，还应针对不同生育阶段的需肥特点施用，达到前期壮苗、中期壮秆、后期攻苞的目的。一般底肥占总用肥量的20%左右，苗期追肥与攻苞肥各占40%左右。玉米攻苞肥宜在抽雄前7～10天施用，以利于雄穗加速生长，雌穗迅速膨大，既能有效促进雄穗形成大量富有生活力的花粉，又能防止雌花小穗小花的退化，保证性器官的正常发育，提高结实率，提高光合作用强度，使籽粒能充分灌浆，提高产量。

六、氨酸法生产有机无机复混肥料技术及施用效果

1. 氨酸法生产有机无机复混肥料技术简介

2006年，安徽莱姆佳肥业有限公司与安徽科技学院合作研发了利用氨酸法生产氨基酸有机无机复混肥料。氨酸法生产氮磷钾三元素高效复合肥新技术，是在传统的蒸气转鼓造粒技术的基础上，利用酸碱中和反应和放热反应的原理，进行了大胆尝试，对传统的转鼓造粒技术进行了技术改造，取得了很好的效果。

该项目的工艺技术是在复混肥料造粒过程中添加液氨和硫酸，利用酸碱中和反应来增加物料间的液相量和黏性，从而达到成球目

的;不需要使用尿素,减少蒸气用量,从而降低原材料成本;硫酸与液氨反应产生大量的热量,可降低半成品烘干温度,降低煤耗;另外,可以大幅提高产量,从而降低生产成本。本工艺生产出的产品各项指标达到或超过复合肥料国家标准 GB15063-2001 的要求,pH为6.4～7.2。

下面以45%复混肥料生产为例,对两种方法生产的成本和效益进行了核算,具体数据参见表7-1、表7-2。

表7-1　传统转鼓造粒法生产1吨肥料成本明细

项目名称		单　位	消　耗	单　价	总　计
一、原材料	尿素	吨	0.1	1780	178
	磷酸铵	吨	0.34	1750	595
	氯化铵	吨	0.266	700	186.2
	氯化钾	吨	0.25	1800	450
	棒粉	吨	0.044	120	5.28
	包装袋	条	20	2.5	50
二、动力能源	电	千瓦时	30	0.32	9.6
	水	吨	2	2	4
	煤	吨	0.03	600	18
三、工资		元	15		15
四、制造费	维修费	元	20		20
	折旧费	元	20		20
	车间经费	元	10		10
五、财务及管理费		元	20		20
六、销售成本		元	20		20
七、生产成本		元			1601.08

表 7-2　氨酸法生产 1 吨肥料成本明细

项目名称		单位	消耗	单价	总计
一、原材料	硫酸(98%)	吨	0.02	300	6
	磷铵	吨	0.34	1750	595
	液氨	吨	0.025	1950	48.75
	氯化铵	吨	0.41	700	287
	氯化钾	吨	0.252	1800	453.6
	包装袋	条	20	2.5	50
二、动力能源	电	千瓦时	30	0.32	9.6
	水	吨	2	2	4
	煤	吨	0.02	600	12
三、工资		元	15		15
四、制造费	维修费	元	20		20
	折旧费	元	20		20
	车间经费	元	10		10
五、财务及管理费		元	20		20
六、销售成本		元	20		20
七、生产成本		元			1570.95

从以上两表可以看出，氨酸法生产成本比传统转鼓造粒生产成本每吨降低约 30 元，可见该工艺的优势所在。根据表 7-2 分析，生产成本加上约 4%净利润，氨酸法生产的复混肥料出厂价每吨约为 1630 元。按照一年产 10 万吨复合肥计算，年销售额约为 1.6 亿元，年纯利润约为 600 万元。

2. 氨酸法生产工艺设备选型

项目研究小组在充分利用莱姆佳肥业有限公司肥料厂原有生产设备的基础上，增加液氨站、硫酸反应釜、尾气吸收系统、喷浆造粒系

统。经过充分调研和论证，确定了生产设备的型号（表 7-3）。

表 7-3　氨酸法生产工艺设备选型一览

序号	设备名称	规格型号	数量
1	浓硫酸储槽	φ4000×5000　V=62.8 米^3	2
2	浓硫酸地下槽	φ2000×2000　V=62.8 米^3	1
3	搪瓷反应釜	φ1750×3600　V=1 米^3 BLD5.5-3　N=5.5KW-4 锚式搅拌	1
4	稀硫酸储槽	φ2000×2000　V=6.28 米^3 耐温≤120℃	1
5	凉水塔	V=30 米^3　Δt=8℃	1
6	1# 文丘里洗涤器	φ3000×1500　V=9.81 米^3 附减速机 BLD4-29-11KW 搅拌直径 φ2000	1
7	2# 文丘里洗涤器	φ3000×1500　V=9.81 米^3 附减速机 BLD4-29-11KW 搅拌直径 φ2000	1
8	造粒尾气风机	9-19NO 12.5D Q=8327～14156 米^3/小时 NS=22KW-6 级　P=3907～4043 帕	1
9	稀硫酸槽	φ2000×2000　V=62.8 米^3	1
10	稀硫酸储槽泵 a,b	50FUH-30K_1-U_5/U_5 Q=20 米^3/小时　H=30 米 N=7.5 千瓦　Y132S-2WF_1	2
11	浓硫酸液下泵	JSB55-40/15KW-2P Q=50 米^3/小时　H=25 米	2

续表

序号	设备名称	规格型号	数量
12	凉水塔循环泵	IS50-32-125　Q=20 米^3/小时 N=5.5 千瓦　H=22 米	1
13	文丘里循环泵 1	50FUH-30K_1-U_1/U_1 Q=20 米^3/小时　H=30 米 N=7.5 千瓦　Y132S-2SWF_1	1
14	文丘里循环泵 2	50FUH-30K_1-U_1/U_1 Q=20 米^3/小时　H=30 米 N=7.5 千瓦　Y132S-2WF_1	1
15	造粒水泵(带变频)	50FUH-30K_1-U_1/U_1 Q=20 米^3/小时　H=30 米 N=7.5 千瓦　Y132S-2WF_1	1
16	稀硫酸槽泵 a,b (带变频)	32FUH-20K-U_1/U_1 Q=5 米^3/小时　H=25 米 N=3 千瓦　Y100L-2WF	2
17	皮带秤及控制系统	正常流量 15 吨/小时　秤架 BMP06 集中控制配料系统 V1.0 (含主机、17″显示器、键盘、鼠标、UPS、打印机、琴柜、频器)	1
18	电磁流量计 (稀硫酸)	JXLDBE-25L-D_2 F100-5 压强≤1.6 兆帕　温度≤120℃ 输出 4～20 毫安	1
19	变频器	SHF-4.0K SHF-7.5K	1

续表

序号	设备名称	规格型号	数量
20	电磁流量计 （浓硫酸）	Rpmag62F-00501321112 测定范围3.5～25米^3/小时	1
21	搪瓷反应锅引风机	4-72NO.4A Q=2006～3709米^3/小时 N=4千瓦　YB132S_1-2	1

3.氨酸法生产有机无机复混肥料核心技术

在利用氨酸法生产无机复混肥料的基础上，项目研究小组利用味精厂的废液渣，进行了有机无机复混肥料的生产工艺研究。

(1)有机原料的前处理技术　味精厂的废液渣中，含有较多的水分，如果直接用来生产，则脱水费工、费时，而且消耗较多能量。采用粮食加工厂废弃稻糠和适量的凹凸棒粉混合吸附工艺，可以使混合物料的水分含量快速达到进一步加工的要求，省时、省工，节约了废液渣脱水所消耗的能量。更重要的是，通过对有机废弃物资源的再利用，在变废为宝的同时，对生态环境起到了很好的保护作用。

根据这一思路，研究小组设计了五种不同用量比例的废液渣、废弃稻糠和凹凸棒粉，根据试验结果，确定了三者最佳的比例用量。

在此基础上研究小组开展了有机原料接种腐解菌剂试验。根据试验结果，确定了复合腐解菌剂的配型、用量和添加时间，从而大大提高了有机原料前处理的效率，同时提高了有机原料中有效养分的含量。

(2)JF腐熟剂对麦秸的腐解作用　考虑到作物秸秆粉碎以后，也可以作为有效的吸附剂，安徽科技学院土壤肥料学科研团队根据已有的技术资料，复配了一种作物秸秆腐熟剂，命名为“JF腐熟剂”。

①JF腐熟剂对麦秸腐解过程中温度的影响。添加腐熟剂对麦

秸腐解过程中温度变化的影响很大，且添加的剂量不同，温度变化的曲线亦有差异。

所有添加 JF 腐熟剂的处理，温度的变化曲线相近，均呈现为较陡峭的抛物线形状，基本上呈现出升温期、高温期、降温期和腐熟期 4 个阶段。

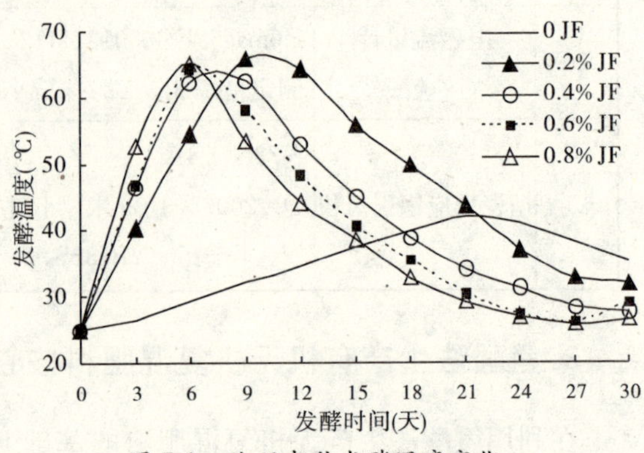

图 7-1　处理麦秸发酵温度变化

试验处理刚开始阶段，麦秸堆体基本上呈中温，嗜温菌较为活跃，大量繁殖，堆料中富含的易分解有机物在好氧微生物的作用下快速分解，并释放大量热能。由于试验中各处理均堆积在保温性能较好的暗室环境，在 JF 腐熟剂作用下，麦秸腐解温度迅速升高至 50～60℃。在这个温度下，嗜温菌受到抑制，甚至死亡，而嗜热菌的繁殖进入激发状态，嗜热菌的大量繁殖和温度的明显提高，使麦秸发酵腐解由中温进入高温，并在高温范围内稳定一段时间。正是在这一温度范围内，处理材料中的寄生虫和病原菌被杀死，腐殖质开始形成，麦秸达到初步腐熟。

当然，添加不同剂量的 JF 腐熟剂，麦秸腐解达到最高温度的时间是不一样的。从图 7-1 可以看出，添加 0.2% JF 腐熟剂，麦秸腐解大约在第 9 天达到最高温度；添加 0.4% JF 腐熟剂，大约在第 7 天达到最高温度；而添加 0.6% 和 0.8% JF 腐熟剂，大致只需 3 天，处理即可达到最高温度。显然，JF 腐熟剂添加量越大，麦秸腐解达到最高温度所需要的时间就越短。

与添加 JF 腐熟剂的处理相比，没有添加 JF 腐熟剂的对照温度变化则较为平缓(图 7-1)。

②JF 腐熟剂对麦秸腐解过程中总干物重和全碳量的影响。添

加 JF 腐熟剂，对麦秸腐解过程中总干物重的影响很大，且添加的剂量不同，干物重变化的曲线亦有差异。没有添加 JF 腐熟剂的麦秸，干物重减轻速度很慢，经过 30 天时间，才从原来的 1 千克下降为 800 克左右；添加 0.2%～0.6% JF 腐熟剂的麦秸堆大约需 12 天的时间干物重便降到了 800 克以下，然后保持较为平稳的下降趋势；而添加 0.8% JF 腐熟剂的麦秸，只需大约 6 天的时间，干物重便下降到了 600 克左右，然后保持较为平稳的状态。

堆肥是利用微生物分解和转化原料中的可降解有机物产生二氧化碳、水及热量的过程，堆肥材料中碳元素物质主要用作微生物活动的能源和碳源。在堆肥过程中，微生物首先利用简单、易降解的有机物进行新陈代谢和矿化作用。这些有机物主要包括可溶性糖、有机酸和淀粉。从表 7-4 可以看出，在堆肥过程中，用不同剂量的菌腐剂处理时，全碳含量变化趋势是一致的，即全碳含量随堆肥进程都呈降低趋势，且在处理开始后的 12 天内，全碳含量迅速下降，说明微生物活动旺盛，使易降解有机物迅速分解，生成二氧化碳和水，挥发至空气中。之后，随着堆体温度的升高，微生物开始利用纤维素、半纤维素和木质素等较难分解的物质，全碳含量缓慢下降，在 24 天后趋于稳定，全碳含量由堆制前的42.5%下降至堆制后的 29.8%～31.2%，符合国家有机肥标准。

表 7-4　JF 腐熟剂对麦秸腐解过程中全碳量(%)的影响

发酵时间(天)	JF 腐熟剂用量（%）				
	0	0.2	0.4	0.6	0.8
0	42.5	42.5	42.5	42.5	42.5
6	40.1	41.4	43.3	40.9	43.3
12	39.5	34.7	36.7	37.4	38.1
18	39.1	32.1	36.4	37.6	36.5
24	39.3	30.6	33.5	32.6	34.5
30	36.9	31.0	29.8	29.8	31.2

③JF 腐熟剂对麦秸腐解过程中全氮量和碳氮比的影响。从图7-2 可以看出，随着麦秸腐解进程的推进，不同处理的麦秸的全氮量均呈现上升的趋势，大约在 18 天以后，大多数处理的全氮量呈现出下降趋势，但 0.2% JF 腐熟剂处理的全氮量则基本上保持在稳定的状态。全氮量的变化主要受到两个方面的影响，一是麦秸腐解过程中伴有氨气的排放，二是有机质分解导致干物重的变化。在麦秸腐解的前期，总干物重的下降幅度明显大于全氮量的下降幅度，所以会导致全氮量的增加。而到了后期，氨挥发的速度大于有机质分解的速度，势必会造成全氮量的下降；而 0.2% JF 腐熟剂的处理，二者速度基本相近，从而表现为全氮量的相对稳定。

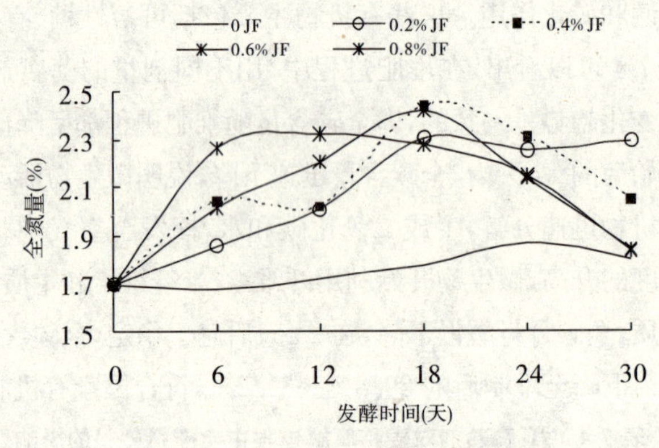

图 7-2　麦秸腐解过程中全氮量变化

显然，在麦秸腐解过程中，随着 JF 腐熟剂用量的增加，氮元素的损失量也增加(表 7-5)。当 JF 腐熟剂用量为0.8%时，物料中氮元素的损失高达 40%。

表 7-5　JF 腐熟剂用量对腐熟麦秸氮元素损失的影响

JF 腐熟剂用量(%)	0	0.2	0.4	0.6	0.8
初始含氮量(克)	16.5	16.5	16.5	16.5	16.5
腐熟含氮量(克)	15.0	14.7	12.4	10.8	9.9
氮素损失率(%)	9.1	10.9	24.8	34.5	40.0

由表7-6可以看出，各处理麦秸的碳氮比基本上是随着腐解时间的延长而减小，最后达到一个较为稳定的值，在24天和30天的时候，添加0.6%和0.8% JF腐熟剂的两个处理中，碳氮比的变化有一定的波动。究其原因，可能是这两个处理在此时间段内挥发了更多的氨。

在腐解后期，没有添加JF腐熟剂的对照中，麦秸堆腐材料的碳氮比最高，而添加JF腐熟剂的4个处理中，0.2% JF腐熟剂的处理碳氮比最低，且碳氮比随着JF腐熟剂用量的增加而提高，很可能是因为JF腐熟剂用量越大，氨挥发损失越多。因此，从提高堆肥肥效的角度出发，JF腐熟剂用量不宜过大。

表7-6　JF腐熟剂对麦秸堆腐过程中碳氮比的影响

发酵时间(天)	JF腐熟剂用量（%）				
	0	0.2	0.4	0.6	0.8
0	25.0	25.0	25.0	25.0	25.0
6	24.0	22.3	21.2	20.3	19.1
12	23.0	17.3	18.2	17.0	16.4
18	22.0	13.9	14.9	15.6	16.1
24	21.0	13.6	14.5	15.3	16.1
30	20.5	13.5	14.5	16.2	17.0

④麦秸腐解过程中磷、钾养分含量的变化。在堆肥过程中，堆肥中磷和钾的绝对含量不会变化或变化较小，但是通过微生物的发酵作用，挥发性有机物的分解、转化以及氨气的挥发，使堆肥的重量减少了33%～50%，本试验中总干物重减少了25%～45%，因而堆肥中磷和钾的相对含量是逐渐升高的。

由于堆肥过程中磷元素较氮元素相对稳定，尽管不同形态的磷在相互转化，但磷元素不会挥发损失，所以随着堆肥过程的进行和总干物重的下降，全磷含量由堆制初期的0.08%提高至腐熟后的

0.11%～0.14%，增加了 37.5%～75%；全钾含量由堆制初期的 1.29%增加至堆制后的 1.70%～2.19%，增加了 31.8%～69.8%（表 7-7）。

表 7-7　麦秸腐解过程中磷、钾养分含量的变化

JF 腐熟剂用量(%)	全磷量		全钾量	
	(P,%)	相对值	(K,%)	相对值
0	0.11±0.01	137.5	1.70±0.03	131.8
0.2	0.12±0.02	150.0	1.97±0.08	152.7
0.4	0.13±0.02	162.5	2.06±0.05	159.7
0.6	0.13±0.01	162.5	2.14±0.12	165.9
0.8	0.14±0.02	175.0	2.19±0.11	169.8
初始养分含量	0.08±0.01	100	1.29±0.02	100

⑤结论。

·添加 JF 腐熟剂能够缩短麦秸腐解达到最高温度的时间，且随着 JF 腐熟剂的增加，达到最高温度所需要的时间变短。

·随着麦秸腐解过程的向前推进，麦秸材料的总干物重和全碳量逐渐下降，且添加 JF 腐熟剂的处理中干物重和全碳量下降的幅度要显著大于对照，其中 0.2% JF 腐熟剂的处理中全碳量最低。

·各处理麦秸的碳氮比基本上是随着腐解时间的延长而减小，最后达到一个较为稳定的值，其中 0.2% JF 腐熟剂处理的碳氮比最小。

·不同处理麦秸的全氮量均呈现上升的趋势，大约在 18 天以后，大多数处理的全氮量呈现出下降趋势，但 0.2% JF 腐熟剂处理的全氮量则基本上保持在稳定状态。随着 JF 腐熟剂用量的增加，麦秸腐解过程中氮元素的损失量也增加。磷和钾两种营养元素因为移动性差，在麦秸腐熟后相对含量升高，全磷和全钾含量分别比堆制初期增加了 37.5%～75%和 31.8%～69.8%。

·综合以上因素可知，麦秸腐解添加 0.2% JF 腐熟剂较为适宜。

4.氨酸法生产氨基酸有机无机复混肥料工艺流程

经过反复调试，最终确定了氨酸法生产氨基酸有机无机复混肥料工艺流程(图 7-3)。

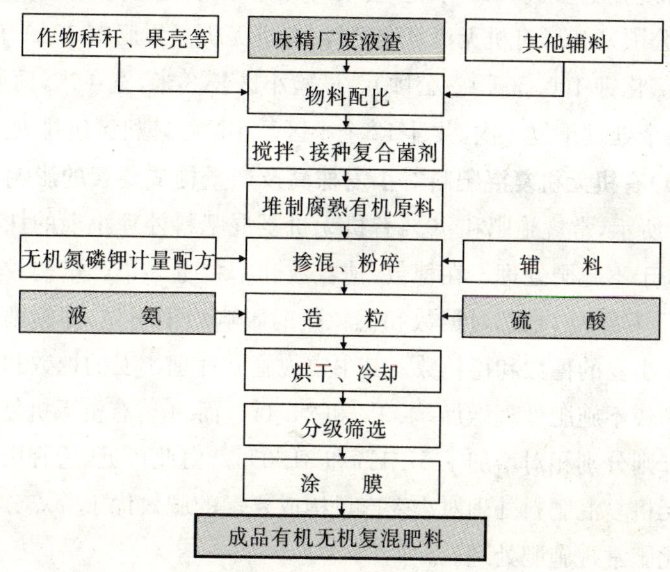

图 7-3　氨酸法生产氨基酸有机无机复混肥料工艺流程

5.有机无机复混肥料田间肥效试验

试验于 2005～2006 年在安徽省怀远县包集镇中国科学院南京土壤研究所砂姜黑土改良试验站进行。供试土壤为砂姜黑土类青白土。前茬种植作物为玉米，土壤基础理化性状如下：有机质 14.3 克/千克；速效氮 100 毫克/千克；速效磷(五氧化二磷)26 毫克/千克；速效钾(氧化钾)85 毫克/千克；pH(水土比为 2.5∶1)为 6.5。

供试 40%有机无机复混肥料(有机质 20%，氮 12%，五氧化二磷 6%，氧化钾 2%)为安徽莱姆佳肥业有限公司产品。以 46%尿素、

12%普钙和60%氯化钾按等养分含量计算混合施用作为对照。供试小麦品种为皖麦19系选9909,2005年10月26日播种,2006年6月3日收割。

试验以每公顷施纯氮180千克、五氧化二磷90千克和氧化钾90千克折算参试肥料所需施用的实物量。试验设3个处理:对照(不施肥);常规施肥(尿素390千克/公顷,普钙645千克/公顷,氯化钾150千克/公顷);40%有机无机复混肥料(有机无机复混肥料1500千克/公顷,氯化钾100.5千克/公顷)。试验小区长8米,宽4米,面积32米^2,每个处理重复4次,共计12个小区。小区按随机区组排列。

(1)有机无机复混肥料对小麦株高及产量构成要素的影响 如表7-8所示,常规施肥和40%有机无机复混肥料处理小麦的株高均明显高于不施肥处理。在穗数、穗粒数和千粒重3个产量构成要素中,除千粒重外,施肥对穗数和穗粒数的影响均很明显,即施肥明显增加了小麦的穗数和穗粒数。其中常规施肥处理小麦的穗数和穗粒数分别较不施肥处理增加54.2%和24.1%,而40%有机无机复混肥料处理则分别相对增加了57.1%和31.0%。由此可见,适宜用量的有机无机复混肥料处理对小麦产量构成要素的肥效优于等养分含量的纯化肥常规施肥处理。

表7-8 有机无机复混肥料对小麦产量构成要素的影响

处理	株高	穗数(万穗/公顷)	穗粒数(粒)	千粒重(克)
对照组	76	265.5	29	49.1
常规施肥	81	409.5	36	48.5
40%有机无机复混肥料	83	417.0	38	48.6

(2)有机无机复混肥料对小麦产量的影响 由于施肥明显提高了穗数和穗粒数这两个小麦产量构成要素在产量中的贡献比例,所以,尽管施肥处理小麦的千粒重略低于不施肥处理,但其产量却均明显高于后者(表7-9)。其中常规施肥处理和40%有机无机复混肥料

处理小麦的产量均极显著高于不施肥处理；40%有机无机复混肥料处理小麦的产量显著高于常规施肥处理，增产率为7.50%，但两个处理的差异没有达到极显著水平。显然，适宜用量的有机无机复混肥料处理对小麦的肥效优于等养分含量的纯化肥常规施肥处理。

表7-9 有机无机复混肥料对小麦产量的影响

处理	产量(千克/公顷)
对照组	3771.4±171.4
常规施肥	7157.1±140.5
40%有机无机复混肥料	7692.9±119.3

(3)田间肥效试验结论 在砂姜黑土小麦上施用40%有机无机复混肥料的增产效果显著。施用1500千克/公顷40%的有机无机复混肥料(其中含氮180千克/公顷，五氧化二磷90千克/公顷，氧化钾90千克/公顷，钾不足部分以氯化钾补足)，可以通过明显提高小麦的穗数和穗粒数达到增产增效的目的，同时降低成本，提高产投比。

施用40%有机无机复混肥料相对于不施肥处理增产104.0%，均达极显著水平；相对于等养分含量的常规施肥处理增产7.50%，达显著水平。

七、有机、无机肥料施用比例

尽管有机无机复混肥料是当前和今后肥料生产和使用的大趋势，但是就目前而言，更多的情况是，农户只能从市场上购买到无机肥或有机肥，很难购买到有机无机复混肥料。因此有机肥和无机化肥配合施用是一种普遍的现象。那么，究竟施多少有机肥？施多少化肥？它们的配比为多少才适合呢？早在1985年，安徽农业大学知名的肥料学专家竺伟民教授就对这些问题进行了深刻阐述，直到今天，对我们的施肥实践仍然有很强的指导意义。现将其主要内容介绍如下。

20世纪70年代末期，国际上由于能源危机、环境污染、化肥利用率下降等一系列问题的出现，在农业上兴起了一股“有机农业热”，它很快反映到国内的有关学术界。围绕着肥料方针开展了为时4～5年的学术之争。有的认为，应以有机肥为主(至少占50%～70%)，配合施用化肥；有的则认为，“以化肥开路”，逐渐增加有机肥料。关于有机肥料、无机肥料的发展前景，有的认为，“有机肥料为主配合化肥”是我国发展肥料的长期方针，不过这种提法近期逐渐减少，但从用地养地、培肥地力的目的出发，以有机肥料为主是我国农业发展的需要；有些人认为，有机肥料和无机肥料都需要大力发展，然而农作物要持续高产，化肥起主导作用。

有机肥料、无机肥料在一个时期内的比例，不仅与农业生产本身有关，而且还依存于整个社会、经济结构的发展，它有自己发展的客观规律性。具体来说，它与人口密度、工农业人口比例、城市布局、农产品出口、经济地理等条件有关，这些因素从总体上来说取决于三个“平衡”，即养分平衡、能量平衡、经济平衡。

1.养分平衡

养分平衡模式如图7-4所示。

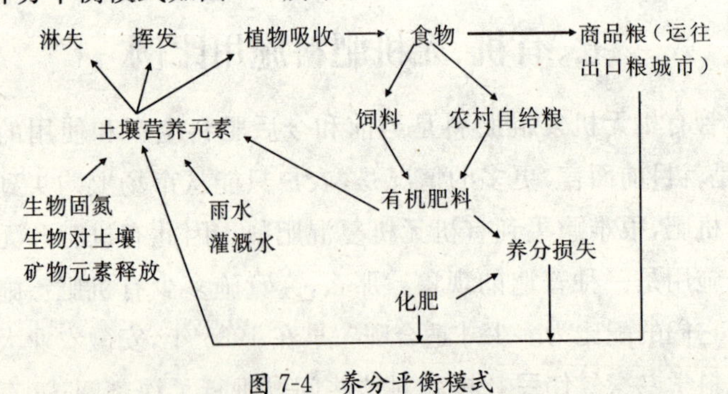

图7-4 养分平衡模式

在以上图式中，如果生物固氮、生物对土壤矿物元素释放、雨水、灌溉水等获得的养分基本上与自然养分的淋失、挥发相抵消，那么现

代土壤养分不平衡的因素，主要来自商品粮（包括出口粮）的输出和食物经过人和动物变成有机肥料时的养分损失以及有机肥料制作、贮藏过程中的养分损失（包括秸秆燃烧时全部氮元素的损失）。这种不平衡必然要以化肥来进行补充。这就出现了有机肥料、无机肥料同时出现的局面，并且根据养分平衡差额的大小，决定有机肥料、无机肥料的比例。由此可见，这个比例不是固定不变的，它受很多因素的影响，但很大程度上随着工农业人口比例而发生变化。

2. 土壤养分平衡及有机、无机肥料比例

估算养分循环平衡，必须了解耕地利用现状和设立某些假设：

①我国耕地主要以谷类生产为主，豆类及其他油料作物的产量不到谷类的3%。

②谷类作物以水稻、小麦为主，假定二者各占一半，则其籽粒平均养分含氮约为2%，五氧化二磷约为0.7%，氧化钾约为0.4%。

③在循环中作为商品粮输出的，其养分不能以有机肥还田，作为自给粮、饲料的以有机肥归还时，一般氮损失40%，五氧化二磷损失20%，氧化钾损失30%。

④作为秸秆，其养分基本在农时循环，作燃料部分的氮全部损失，据统计，目前农村约50%秸秆作燃料。谷类作物秸秆平均养分含量为氮0.5%，五氧化二磷0.15%，氧化钾1.0%。

⑤绿肥面积约占耕地的10%，假定平均亩产鲜草为1500千克，可提供氮6～7.5千克，其中4～5千克来自生物固氮，其余氮、磷、钾均来自土壤本身。因此每亩耕地平均只折绿肥300千克，增加土壤氮元素0.4～0.5千克。

3. 存在问题

一般认为，有机、无机肥料配合能使化肥氮损失减少，促进有机氮分解利用，并使化肥氮供应比较平稳，有利于作物生长。而且有试

验证明，无机氮、有机氮各50%配合施用，比单独施用能提高氮元素利用率，特别是能使有机肥料当季利用率提高5%～7%，如比例配合恰当(有机氮25%，无机氮75%)，可提高利用率10%～20%。这就是说，有机、无机配合有正连应效果。有人认为，这些正效应是有机肥中磷、钾所产生的作用。然而一些长期定位试验的结果表明，有机、无机肥料配合也有负连应效果，如中国农业科学院四年八季试验结果，其总产量单施1000千克厩肥为1899.5千克，单施10千克尿素(相当于1000千克厩肥氮)为2147千克，两者配合施为2592.5千克，比单施和少1454千克。又比如单施厩肥2000千克产量为2541千克，单施尿素20千克为2396.5千克，两者配合施为3087千克，比单施和少1850.5千克。又如宁夏农科院试验结果，四年每亩平均产量单施有机肥为400.5千克，单施化肥为423千克，两者配合施为430.5千克，比单施和少393千克。国外的试验也有同样的结果。因此有机、无机肥料配合施用，不如分别施用时的经济效益大，这在当前肥料缺乏情况下更是值得注意。浙江农业科学院用同位素试验表明，有机、无机肥料配合施用时，虽然作物总氮吸收有明显增加，但作物吸收化肥氮量却大大减少。

有机、无机肥料施用过程中还存在以下几个问题：

①有机、无机肥料不一定要配合施用。

②有机、无机肥料即使要配合施用，也不一定要以有机肥为主。

③同氮量的无机肥效果常优于有机肥，且有机肥还有大量磷、钾元素，如试验设计方案中无机氮再配上与有机肥等量的无机磷、钾肥，那么效果有可能进一步超过有机肥。

④由于较多的有机肥并不能显示出它的优越性，那么只要保持土壤有一定的有机质含量即可，不一定要花很大精力去寻找有机营养源。

以上问题值得深入探讨，以便更有效地指导生产实践。

有机、无机肥料的比例，在一定的社会、经济结构条件下，有它自

己的发展规律，总的取决于营养、能量、经济三者的平衡。掌握这些规律，在一定范围内就可以能动地调节这些比例。但随着工农业生产的发展、人口的增长，化肥比例增大的趋势似乎很难改变。而且投入到土壤中的有机物超过一定量以后，将可能有害无益，从这点出发，有机养分投入到土壤中的量不可能是无限制的。缩小无机肥的比例，目前可以采取增加生物量的办法，但今后主要靠提高化肥利用率和有利于城市有机物还田的城市布局。从经济角度出发，有机、无机肥料配合施用不一定都有利，但从保持土壤肥力角度出发，每年施入适量的有机物是必需的。

一、《有机肥料》农业行业标准(NY525-2012)

前　言

本标准按照 GB/T 1.1-2009 给出的规则起草。

本标准第 4 章中 4.2、4.3 和 4.4,第 6 章,第 7 章中 7.1 和 7.2 为强制性条款,其余为推荐性条款。

本标准代替 NY 525-2011《有机肥料》,与 NY 525-2011 相比主要修改内容为:

修改了重铬酸钾(分析纯)称样量指标,从称取 80 克调整为39.23 克。

本标准由中华人民共和国农业部种植业管理司提出并归口。

本标准起草单位:全国农业技术推广服务中心、南京农业大学、安徽省土壤肥料总站、吉林省土壤肥料总站。

本标准主要起草人:崔勇、杨帆、李荣、沈其荣、褚敬东、李营、黄发兰、孙钊、董燕、段英华。

本标准所代替标准的历次版本发布情况为:NY 525-2002、NY 525-2011。

有机肥料

1.范围

本文件规定了有机肥料的技术要求、试验方法、检验规则、标识、包装、运输和贮存。

本文件适用于以畜禽粪便、动植物残体和以动植物产品为原料加工的下脚料为原料，并经发酵腐熟后制成的有机肥料。

本文件不适用于绿肥、农家肥和其他由农民自积自造的有机粪肥。

2.规范性引用文件

下列文件对于本文件的应用是必不可少的。凡是注日期的引用文件，仅注日期的版本适用于本文件；凡是不注日期的引用文件，其最新版本（包括所有的修改单）适用于本文件。

GB/T 601 化学试剂滴定分析（容量分析）用标准溶液制备

GB/T 6679 固体化工产品采样通则

GB/T 6682 分析实验室用水规格和试验方法

GB/T 8170 数值修约规则与极限数值的表示和判定

GB/T 8576 复混肥料中游离水含量测定真空烘箱法

GB 18382 肥料标识、内容和要求

GB 18877 有机—无机复混肥料

GB/T 19524.1 肥料中粪大肠菌群的测定

GB/T 19524.2 肥料中蛔虫卵死亡率的测定

HG/T 2843 化肥产品化学分析常用标准滴定溶液、标准溶液、试剂溶液和指示剂溶液

NY 884 生物有机肥

《产品质量仲裁检验和产品质量鉴定管理办法》国家质量技术监督局令 1999 年第 4 号

3.术语和定义

下列术语和定义适用于本文件。

3.1 有机肥料

主要来源于植物和(或)动物,经过发酵腐熟的含碳有机物料,其功能是改善土壤肥力、提供植物营养、提高作物品质。

3.2 鲜样

现场采集的有机肥料样品。

4.要求

4.1 外观颜色为褐色或灰褐色,粒状或粉状,均匀,无恶臭,无机械杂质。

4.2 有机肥料的技术指标应符合表1的要求。

表1

项目	指标
有机质的质量分数(以烘干基计),%	≥45
总养分(氮+五氧化二磷+氧化钾)的质量分数(以烘干基计),%	≥5.0
水分(鲜样)的质量分数,%	≤30
酸碱度(pH)	5.5～8.5

4.3 有机肥料中重金属的限量指标应符合表2的要求。

表2 单位:毫克/千克

项目	限量指标
总砷(As)(以烘干基计)	≤15
总汞(Hg)(以烘干基计)	≤2
总铅(Pb)(以烘干基计)	≤50
总镉(Cd)(以烘干基计)	≤3
总铬(Cr)(以烘干基计)	≤150

4.4 蛔虫卵死亡率和粪大肠菌群数指标应符合 NY 884 的要求。

5.试验方法

本文件中所用水应符合 GB/T 6682 中三级水的规定。所列试剂,除注明外,均指分析纯试剂。试验中所需标准溶液,按 HG/T 2843 规定制备。

5.1 外观

目视、鼻嗅测定。

5.2 有机质含量测定(重铬酸钾滴定法)

5.2.1 方法原理

用定量的重铬酸钾—硫酸溶液,在加热条件下,使有机肥料中的有机碳氧化,多余的重铬酸钾用硫酸亚铁标准溶液滴定,同时以二氧化硅为添加物作空白试验。根据氧化前后氧化剂消耗量,计算有机碳含量,乘以系数 1.724,为有机质含量。

5.2.2 仪器、设备

实验室常用仪器设备。

5.2.3 试剂及制备

5.2.3.1 二氧化硅:粉末状。

5.2.3.2 硫酸(ρ1.84)。

5.2.3.3 重铬酸钾($K_2Cr_2O_7$)标准溶液:$c(1/6K_2Cr_2O_7)=0.1$ 摩尔/升。

称取经过 130℃烘 3～4 小时的重铬酸钾(基准试剂)4.9031 克,先用少量水溶解,然后转移入 1 升容量瓶中,用水稀释至刻度,摇匀备用。

5.2.3.4 重铬酸钾溶液:$c(1/6\ K_2Cr_2O_7)=0.8$ 摩尔/升。

称取重铬酸钾(分析纯)39.23 克,先用少量水溶解,然后转移入 1 升容量瓶中,稀释至刻度,摇匀备用。

5.2.3.5 硫酸亚铁($FeSO_4$)标准溶液:$c(FeSO_4)=0.2$ 摩尔/升。

称取($FeSO_4 \cdot 7\ H_2O$)(分析纯)55.6 克,溶于 900 毫升水中,加

硫酸(5.2.3.2)20 毫升溶解,稀释定容至 1 升,摇匀备用(必要时过滤)。此溶液的准确浓度以 0.1 摩尔/升重铬酸钾标准溶液(5.2.3.3)标定,现用现标定。

$c(FeSO_4)$=0.2 摩尔/升标准溶液的标定:吸取重铬酸钾标准溶液(5.2.3.3)20.00 毫升加入 150 毫升三角瓶中,加硫酸(5.2.3.2)3~5毫升和 2~3 滴邻啡罗啉指示剂(5.2.3.6),用硫酸亚铁标准溶液(5.2.3.5)滴定。根据硫酸亚铁标准溶液滴定时的消耗量,按式(1)计算其准确浓度 c:

$$c = \frac{c_1 \times V_1}{V_2} \tag{1}$$

式中:

c_1— 重铬酸钾标准溶液的浓度,单位为摩尔/升(mol/L);

V_1— 吸取重铬酸钾标准溶液的体积,单位为毫升(ml);

V_2— 滴定时消耗硫酸亚铁标准溶液的体积,单位为毫升(ml)。

5.2.3.6 邻啡罗啉指示剂

称取硫酸亚铁(分析纯)0.695 克和邻啡罗啉(分析纯)1.485 克溶于 100 毫升水,摇匀备用。此指示剂易变质,应密闭保存于棕色瓶中。

5.2.4 测定步骤

称取过 φ1 毫米筛的风干试样 0.2~0.5 克(精确至 0.0001 克),置于 500 毫升的三角瓶中,准确加入 0.8 摩尔/升重铬酸钾溶液(5.2.3.4) 50.0 毫升,再加入 50.0 毫升浓硫酸(5.2.3.2),加一弯颈小漏斗,置于沸水中,待水沸腾后保持 30 分钟。取出冷却至室温,用水冲洗小漏斗,洗液承接于三角瓶中。取下三角瓶,将反应物无损转入 250 毫升容量瓶中,冷却至室温,定容,吸取 50.0 毫升溶液加入 250 毫升三角瓶内,加水约至 100 毫升,加 2~3 滴邻啡罗啉指示剂(5.2.3.6),用 0.2 摩尔/升硫酸亚铁标准溶液(5.2.3.5)滴定近终点时,溶液由绿色变成暗绿色,再逐滴加入硫酸亚铁标准溶液直至生成砖红色为止。同时称取 0.29 克(精确至 0.001 克)二氧化硅(5.2.3.1)代替试样,按照相同分析步骤,使用同样的试剂,进行空白试验。

如果滴定试样所用硫酸亚铁标准溶液的用量不到空白试验所用硫酸亚铁标准溶液用量的 1/3,则应减少称样量,重新测定。

5.2.5 分析结果的表述

有机质含量以肥料的质量分数表示,按式(2)计算:

$$\omega(\%)=\frac{c(V_0-V)\times 0.003\times 100\times 1.5\times 1.742\times D}{m(1-X_0)} \quad (2)$$

式中:

c—标定标准溶液的摩尔浓度,单位为摩尔/升(mol/L);

V_0—空白试验时,消耗标定标准溶液的体积,单位为毫升(ml);

V—样品测定时,消耗标定标准溶液的体积,单位为毫升(ml);

0.003—四分之一碳原子的摩尔质量,单位为克/摩尔(g/mol);

1.724—由有机碳换算为有机质的系数;

1.5—氧化校正系数;

m—风干样质量,单位为克(g);

X_0—风干样含水量;

D—分取倍数,定容体积/分取体积,250/50。

5.2.6 允许差

5.2.6.1 取平行分析结果的算术平均值为测定结果。

5.2.6.2 平行测定结果的绝对差值应符合表 3 的要求。

表 3

有机质(ω),%	绝对差值,%
$\omega \leqslant 40$	0.6
$40<\omega<55$	0.8
$\omega \geqslant 55$	1.0

不同实验室测定结果的绝对差值应符合表 4 的要求。

表 4

有机质(ω),%	绝对差值,%
$\omega \leqslant 40$	1.0
$40 < \omega < 55$	1.5
$\omega \geqslant 55$	2.0

5.3 总氮含量测定

5.3.1 方法原理

有机肥料中的有机氮经硫酸—过氧化氢消煮,转化为铵态氮。碱化后蒸馏出来的氨用硼酸溶液吸收,以标准酸溶液滴定,计算样品中的总氮含量。

5.3.2 试剂

5.3.2.1 硫酸(ρ1.84)。

5.3.2.2 30%过氧化氢。

5.3.2.3 氢氧化钠溶液:质量浓度为40%的溶液。

称取40克氢氧化钠(化学纯)溶于100毫升水中。

5.3.2.4 2%(m/V)硼酸溶液

称取20克硼酸溶于水中,稀释至1升。

5.3.2.5 定氮混合指示剂

称取0.5克溴甲酚绿和0.1克甲基红溶于100毫升95%乙醇中。

5.3.2.6 硼酸—指示剂混合液

每升2%硼酸(5.3.2.4)溶液中加入20毫升定氮混合指示剂(5.3.2.5),并用稀碱或稀酸调至红紫色(pH约为4.5)。此溶液放置时间不宜过长,如在使用过程中pH有变化,需随时用稀碱或稀酸调节。

5.3.2.7 硫酸[$c(1/2H_2SO_4)$=0.05摩尔/升]或盐酸[$c(HCl)$=0.05摩尔/升]标准溶液:配制和标定按照GB/T 601的规定进行。

5.3.3 仪器设备

实验室常用仪器设备和定氮蒸馏装置或凯氏定氮仪。

5.3.4 分析步骤

5.3.4.1 试样溶液制备

称取过φ1 毫米筛的风干试样 0.5～1.09 克(精确至 0.0001 克),置于开氏烧瓶底部,用少量水冲洗黏附在瓶壁上的试样,加 5 毫升硫酸(5.3.2.1)和 1.5 毫升过氧化氢(5.3.2.2),小心摇匀,瓶口放一弯颈小漏斗,放置过夜。在可调电炉上缓慢升温至硫酸冒烟,取下,稍冷后加 15 滴过氧化氢,轻轻摇动开氏烧瓶,加热 10 分钟,取下,稍冷后再加 5～10 滴过氧化氢并分次消煮,直至溶液呈无色或淡黄色清液后,继续加热 10 分钟,除尽剩余的过氧化氢。取下稍冷,小心加水至 20～30 毫升,加热至沸。取下冷却,用少量水冲洗弯颈小漏斗,洗液收入原开氏烧瓶中。将消煮液移入 100 毫升容量瓶中,加水定容,静置澄清或用无磷滤纸过滤到具塞三角瓶中,备用。

5.3.4.2 空白试验

除不加试样外,试剂用量和操作同 5.3.4.1。

5.3.4.3 测定

5.3.4.3.1 蒸馏前检查蒸馏装置是否漏气,并进行空蒸馏清洗管道。

5.3.4.3.2 吸取消煮清液 50.0 毫升于蒸馏瓶内,加入 200 毫升水。向 250 毫升三角瓶内加入 10 毫升硼酸—指示剂混合液(5.3.2.6),承接于冷凝管下端,管口插入硼酸液面中。由筒型漏斗向蒸馏瓶内缓慢加入 15 毫升氢氧化钠溶液(5.3.2.3),关好活塞。加热蒸馏,待馏出液体积约为 100 毫升时,即可停止蒸馏。

5.3.4.3.3 用硫酸标准溶液或盐酸标准溶液(5.3.2.7)滴定馏出液,由蓝色刚变至紫红色为终点。记录消耗酸标准溶液的体积(毫升)。空白测定所消耗酸标准溶液的体积不得超过 0.1 毫升,否则应重新测定。

5.3.5 分析结果的表述

肥料的总氮含量以肥料的质量分数表示，按式(3)计算：

$$N(\%)=\frac{c(V-V_0)\times 0.014\times D\times 100}{m(1-X_0)} \tag{3}$$

式中：

c—标定标准溶液的摩尔浓度，单位为摩尔/升(mol/L)；

V_0—空白试验时，消耗标定标准溶液的体积，单位为毫升(ml)；

V—样品测定时，消耗标定标准溶液的体积，单位为毫升(ml)；

0.014—氮的摩尔质量，单位为克/摩尔(g/mol)；

m—风干样质量，单位为克(g)；

X_0—风干样含水量；

D—分取倍数，定容体积/分取体积，100/50。

所得结果保留两位小数。

5.3.6 允许差

5.3.6.1 取两个平行测定结果的算术平均值作为测定结果。

5.3.6.2 两个平行测定结果允许绝对差应符合表5的要求。

表5

氮(N)，%	允许差，%
$N\leqslant 0.50$	<0.02
$0.50<N<1.00$	<0.04
$N\geqslant 1.00$	<0.06

5.4 磷含量测定

5.4.1 方法原理

有机肥料试样采用硫酸和过氧化氢消煮，在一定酸度下，待测液中的磷酸根离子与偏钒酸和钼酸反应形成黄色三元杂多酸。在一定浓度范围(1～20毫克/升)内，黄色溶液的吸光度与含磷量呈正比例关系，用分光光度法定量磷。

5.4.2 试剂

5.4.2.1 硫酸(ρ1.84)。

5.4.2.2 硝酸。

5.4.2.3 30%过氧化氢。

5.4.2.4 钒钼酸铵试剂。

A液:称取25.0克钼酸铵溶于400毫升水中。

B液:称取1.25克偏钒酸铵溶于300毫升沸水中,冷却后加250毫升硝酸(5.4.2.2),冷却。在搅拌下将A液缓缓注入B液中,用水稀释至1升,混匀,贮于棕色瓶中。

5.4.2.5 氢氧化钠溶液:质量浓度为10%的溶液。

5.4.2.6 硫酸(5.4.2.1):体积分数为5%的溶液。

5.4.2.7 磷标准溶液:50微克/毫升。

称取0.2195g经105℃烘干2小时的磷酸二氢钾(基准试剂),用水溶解后,转入1升容量瓶中,加入5毫升硫酸(5.4.2.1),冷却后用水定容至刻度。该溶液1毫升含磷(P)50微克。

5.4.2.8 2,4-(或2,6-)二硝基酚指示剂:质量浓度为0.2%的溶液。

5.4.2.9 无磷滤纸。

5.4.3 仪器、设备

实验室常用仪器设备及分光光度计。

5.4.4 分析步骤

5.4.4.1 试样溶液制备

按5.3.4.1操作制备。

5.4.4.2 空白溶液制备

除不加试样外,应用的试剂和操作同5.4.4.1。

5.4.4.3 测定

吸取5.00~10.00毫升试样溶液(5.4.4.1)(含磷0.05~1.0毫克)于50毫升容量瓶中,加水至30毫升左右,与标准溶液系列同条件显色、比色，读取吸光度。

5.4.4.4 校准曲线绘制

吸取磷标准溶液(5.4.2.7) 0 毫升、1.0 毫升、2.5 毫升、5.0 毫升、7.5 毫升、10.0 毫升、15.0 毫升分别置于 7 个 50 毫升容量瓶中，加入与吸取试样溶液等体积的空白溶液，加水至 30 毫升左右，加 2 滴 2,4-(或 2,6-)二硝基酚指示剂溶液(5.4.2.8)，用氢氧化钠溶液(5.4.2.5)和硫酸溶液(5.4.2.6)调节溶液至刚呈微黄色，加 10.0 毫升钒钼酸铵试剂(5.4.2.4)，摇匀，用水定容。此溶液为 1 毫升含磷(P)0 微克、1.0 微克、2.5 微克、5.0 微克、7.5 微克、10.0 微克、15.0 微克的标准溶液系列。在室温下放置 20 分钟后，在分光光度计波长 440 纳米处用 1 厘米光径比色皿，以空白溶液调节仪器零点，进行比色，读取吸光度。根据磷浓度和吸光度绘制标准曲线或求出直线回归方程。

波长的选择可根据磷浓度：

磷浓度(毫克/升)：	0.75～5.5	2～15	4～17	7～20
波长(纳米)	400	440	470	490

5.4.5 分析结果的表述

肥料的磷含量以肥料的质量分数表示，按式(4)计算：

$$P_2O_5(\%)=\frac{c_2\times V_3\times D\times 2.29\times 0.0001}{m(1-X_0)} \quad (4)$$

式中：

c_2—由校准曲线查得或由回归方程求得显色液磷浓度，单位为微克/毫升(μg/ml)；

V_3—显色体积，50 毫升；

D—分取倍数，定容体积/分取体积，100/5 或 100/10；

m—风干样质量，单位为克(g)；

X_0—风干样含水量；

2.29—将磷(P)换算成五氧化二磷(P_2O_5)的因数；

0.0001—将 μg/g 换算为质量分数的因数。

所得结果保留两位小数。

5.4.6 允许差

5.4.6.1 取两个平行测定结果的算术平均值作为测定结果。

5.4.6.2 两个平行测定结果允许绝对差应符合表 6 的要求。

表 6

磷(P_2O_5),%	允许差,%
$P_2O_5 \leqslant 0.50$	<0.02
$0.50 < P_2O_5 < 1.00$	<0.03
$P_2O_5 \geqslant 1.00$	<0.04

5.5 钾含量测定

5.5.1 方法原理

有机肥料试样经硫酸和过氧化氢消煮,稀释后用火焰光度法测定。在一定浓度范围内,溶液中钾浓度与发射强度呈正比例关系。

5.5.2 试剂

5.5.2.1 硫酸(ρ1.84)。

5.5.2.2 30%过氧化氢。

5.5.2.3 钾标准贮备溶液:1 毫克/毫升。

称取 1.9067 克经 100℃烘 2 小时的氯化钾(基准试剂),用水溶解后定容至 1 升。该溶液 1 毫升含钾(K)1 毫克,贮于塑料瓶中。

5.5.2.4 钾标准溶液:100 微克/毫升。

吸取 10.00 毫升钾(K)标准贮备溶液(5.4.2.3)于 100 毫升容量瓶中,用水定容,此溶液 1 毫升含钾(K)100 微克。

5.5.3 仪器、设备

实验室常用仪器设备及火焰光度计。

5.5.4 分析步骤

5.5.4.1 试样溶液制备

按 5.3.4.1 制备。

5.5.4.2 空白溶液制备

除不加试样外，应用的试剂和操作同 5.5.4.1。

5.5.4.3 校准曲线绘制

吸取钾标准溶液(5.5.2.4) 0 毫升、1.00 毫升、2.50 毫升、5.00 毫升、7.50 毫升、10.00 毫升分别置于 6 个 50 毫升容量瓶中，加入与吸取试样溶液等体积的空白溶液，用水定容，此溶液为 1 毫升含钾(K) 0 微克、2.00 微克、5.00 微克、10.00 微克、15.00 微克、20.00 微克的标准溶液系列。在火焰光度计上，以空白溶液调节仪器零点，以标准溶液系列中最高浓度的标准溶液调节满度至 80 分度处。再依次由低浓度至高浓度测量其他标准溶液，记录仪器示值。根据钾浓度和仪器示值绘制校准曲线或求出直线回归方程。

5.5.4.4 测定

吸取 5.00 毫升试样溶液(5.5.4.1)于 50 毫升容量瓶中，用水定容。与标准溶液系列同条件在火焰光度计上测定，记录仪器示值。每测定 5 个样品后须用钾标准溶液校正仪器。

5.5.5 分析结果的表述

肥料的钾含量以肥料的质量分数表示，按式(5)计算：

$$K_2O(\%)=\frac{c_3\times V_4\times D\times 1.20\times 0.0001}{m(1-X_0)} \tag{5}$$

式中：

c_0—由校准曲线查得或由回归方程求得测定液钾浓度，单位为微克/毫升(μg/ml)；

V_4—测定体积，本操作为 50ml；

D—分取倍数，定容体积/分取体积，100/5；

m—风干样质量，单位为克(g)；

X_0—风干样含水量；

1.20—将钾(K)换算成氧化钾(K_2O)的因数；

0.0001—将 μg/g 换算为质量分数的因数。

所得结果保留两位小数。

5.5.6 允许差

5.5.6.1 取两个平行测定结果的算术平均值作为测定结果。

5.5.6.2 两个平行测定结果允许绝对差应符合表 7 的要求。

表 7

钾(K_2O),%	允许差,%
K_2O≤0.60	＜0.05
0.60＜K_2O≤1.20	＜0.07
1.20＜K_2O＜1.80	＜0.09
K_2O≥1.80	＜0.12

5.6 水分含量测定(真空烘箱法)

按 GB/T 8576 进行,分别测定鲜样含水量、风干样含水量(X_0)。

5.7 酸碱度的测定(pH 计法)

5.7.1 方法原理

试样经水浸泡平衡,直接用 pH 酸度计测定。

5.7.2 仪器

实验室常用仪器及 pH 酸度计。

5.7.3 试剂和溶液

5.7.3.1 pH 4.01 标准缓冲液:称取经 110℃烘 1 小时的邻苯二钾酸氢钾($C_8H_5KO_4$)10.219 克,用水溶解,稀释定容至 1 升。

5.7.3.2 pH 6.87 标准缓冲液:称取经 120℃烘 2 小时的磷酸二氢钾(KH_2PO_4)3.398g 和经 120～130℃烘 2 小时的无水磷酸氢二钠(Na_2HP_8)3.53 克,用水溶解,稀释定容至 1 升。

5.7.3.3 pH 9.18 标准缓冲液:称取硼砂($Na_2B_4O_7 \cdot 10H_2O$)(在盛有蔗糖和食盐饱和溶液的干燥器中平衡 1 周)3.8 克,用水溶解,稀释定容至 1 升。

5.7.4 操作步骤

称取过 φ1 毫米筛的风干样 5.0 克于 100 毫升烧杯中，加 50 毫升水(经煮沸驱除二氧化碳)，搅动 15 分钟，静置 30 分钟，用 pH 酸度计测定。

5.7.5 允许差

取平行测定结果的算术平均值为最终分析结果，保留一位小数。平行分析结果的绝对差值不大于 0.2 pH 单位。

5.8 重金属的测定

5.8.1 按 GB 18877 的规定进行。

5.8.2 分析结果的表述

肥料的重金属含量以肥料的质量分数(mg/kg)表示，按式(6)计算：

$$\omega(\text{mg/kg})=\frac{(\rho-\rho_0)\times V_5\times D}{m(1-X_0)} \tag{6}$$

式中：

ρ—由校准曲线查得或由回归方程求得测定液中重金属浓度，单位为微克/毫升(μg/ml)；

ρ_0—由校准曲线查得或由回归方程求得空白溶液中重金属浓度，单位为微克/毫升(μg/ml)；

V_5—测定体积；

D—分取倍数，定容体积/分取体积；

m—风干样质量，单位为克(g)；

X_0—风干样含水量。

所得结果保留一位小数。

5.9 蛔虫卵死亡率的测定

按 GB/T 19524.2 的规定进行。

5.10 粪大肠菌群数的测定

按 GB/T 19524.1 的规定进行。

6.检验规则

6.1 本标准中质量指标合格判断,采用 GB/T 817 的规定。

6.2 有机肥料应由生产企业质量监督部门进行检验,生产企业应保证所有出厂的有机肥料均符合 4.2 的要求。每批出厂的产品应附有质量证明书,其内容包括企业名称、产品名称、批号、产品净含量、有机质含量、总养分含量、生产日期和本文件编号。

6.3 重金属含量、蛔虫卵死亡率和粪大肠菌群数为型式检验项目,有下列情况时应检验:正式生产时,原料、工艺发生变化;正式生产时,定期或积累到一定量后,应周期性进行一次检验;国家质量监督机构提出型式检验的要求时。

6.4 如果检验结果中有一项指标不符合本标准要求,应重新在二倍量的包装袋中选取有机肥料样品进行复检,重新检验结果中有一项指标不符合本标准要求时,则整批肥料判为不合格。

6.5 采样

6.5.1 抽样方法

有机肥料产品抽样方法见表 8。

表 8

总袋数	最少采样袋数	总袋数	最少采样袋数
1～10	全部袋数	182～216	18
11～49	11	217～254	19
50～64	12	255～296	20
65～81	13	297～343	21
82～101	14	344～394	22
102～125	15	395～450	23
126～151	16	451～512	24
152～181	17		

总袋数超过 512 袋时，取样袋数按式(7)计算：

$$取样袋数(n)=3\times\sqrt[3]{N} \quad (7)$$

式中：

N—每批取样总袋数。

将抽出的样品袋平放，每袋从最长对角线插入取样器到 3/4 处，取出不少于 100 克样品，每批抽取样品总量不少于 2 千克。

6.5.2 散装产品

散装产品取样时，按 GB/T 6679 的规定进行。

6.5.3 样品缩分

将选取的样品迅速混匀，用四分法将样品缩分至约 1 千克，分装于 3 个干净的广口瓶中，密封、贴上标签，注明生产企业名称、产品名称、批号、取样日期、取样人姓名。其中，一瓶用于鲜样水分测定，一瓶风干用于产品分析，一瓶保存至少 2 个月，以备查用。

6.6 试样制备：将 6.5.3 中一瓶风干后的缩分样品经多次缩分后取出 100 克样品，迅速研磨至全部通过 φ1 毫米尼龙筛，混匀，收集于干燥瓶中，用于成分分析。

6.7 当供需双方对产品质量发生异议需仲裁时，按《产品质量仲裁检验和产品质量鉴定管理办法》有关规定执行。

7.包装、标识、运输和贮存

7.1 有机肥料用覆膜编织袋或塑料编织袋衬聚乙烯内袋包装。每袋净含量(50±0.5)千克、(40±0.4)千克、(25±0.25)千克、(10±0.1)千克。

7.2 有机肥料包装袋上应注明产品名称、商标、有机质含量、总养分含量、净含量、标准号、登记证号、企业名称、厂址。其余按 GB 18382 的规定执行。

7.3 有机肥料应贮存于干燥、通风处，在运输过程中应防潮、防晒、防破裂。

二、《生物有机肥》农业行业标准(NY884-2012)

原《生物有机肥》(NY 884-2004)经修订后，2012 年 6 月 6 日中华人民共和国农业部公告第 1783 号颁布新的版本：NY 884-2012《生物有机肥》，并从 2012 年 9 月 1 日起实施，敬请各有关生产企业及时更换产品登记证，以及更新产品标签、包装等事宜。

前　言

本标准按照 GB/T 1.1 的要求起草。

本标准代替 NY 884-2004《生物有机肥》，与 NY 884-2004 相比修改主要内容为：

——修改了有机质的质量分数；

——修改了颗粒产品的水分质量分数；

——修改了产品中砷(As)、镉(Cd)、铅(Pb)、铬(Cr)、汞(Hg)限量指标。

本标准由中华人民共和国农业部种植业管理司提出并归口。

本标准起草单位：农业部微生物肥料和食用菌菌种质量监督检验测试中心、中国农业科学院农业资源与农业区划研究所。

本标准所代替标准的历次版本发布情况为：NY 884-2004。

生物有机肥

1. 范围

本标准规定了生物有机肥的要求、检验方法、检验规则、包装、标识、运输和贮存。

本标准适用于生物有机肥。

2. 规范性引用文件

下列文件对于本文件的应用是必不可少的。凡是注日期的引用文件，仅注日期的版本适用于本文件；凡是不注日期的引用文件，其最新版本（包括所有的修改单）适用于本文件。

GB/T 8170-2008 数值修约规则与极限数值的表示和判定

GB/T 19524.1-2004 肥料中粪大肠菌群的测定

GB/T 19524.2-2004 肥料中蛔虫卵死亡率的测定

NY/T 1978-2010 肥料汞、砷、镉、铅、铬含量的测定

NY 525-2012 有机肥料

NY/T 798-2004 复合微生物肥料

NY 1109-2006 微生物肥料生物安全通用技术准则

HG/T 2843-1997 化肥产品化学分析常用标准滴定溶液、试剂溶液和指示剂溶液

3. 术语和定义

下列术语和定义适用于本标准。

生物有机肥是指特定功能微生物与主要以动植物残体（如畜禽粪便、农作物秸秆等）为来源，并经无害化处理、腐熟的有机物料复合而成的一类兼具微生物肥料和有机肥效应的肥料。

4. 要求

4.1 菌种

使用的微生物菌种应安全、有效，有明确来源和种名。菌株安全性应符合 NY 1109-2006 的规定。

4.2 外观（感官）

粉剂产品应松散、无恶臭味；颗粒产品应无明显机械杂质、大小均匀、无腐败味。

4.3 技术指标

生物有机肥产品的各项技术指标应符合表 1 的要求，产品剂型包括粉剂和颗粒 2 种。

表 1 生物有机肥产品技术指标要求

项目	技术指标
有效活菌数(cfu),亿/克	≥0.20
有机质(以干基计),%	≥40.0
水分,%	≤30.0
pH	5.5～8.5
粪大肠菌群数,个/克	≤100
蛔虫卵死亡率,%	≥95
有效期,月	≥6

4.4 生物有机肥产品中5种重金属限量指标应符合表2的要求。

表 2 生物有机肥产品5种重金属限量技术要求 单位:毫克/千克

项目	限量指标
总砷(As)(以干基计)	≤15
总镉(Cd)(以干基计)	≤3
总铅(Pb)(以干基计)	≤50
总铬(Cr)(以干基计)	≤150
总汞(Hg)(以干基计)	≤2

5.抽样方法

对每批产品进行抽样检验,抽样过程应避免杂菌污染。

5.1 抽样工具

抽样前预先备好无菌塑料袋(瓶)、金属勺、剪刀、抽样器、封样袋、封条等工具。

5.2 抽样方法和数量

在产品库中抽样,采用随机法抽取。

抽样以袋为单位,随机抽取5～10袋。在无菌条件下,从每袋中取样300～500克,然后将所有样品混匀,按四分法分装3份,每份不少于500克。

6.试验方法

本标准所用试剂、水和溶液的配制，在未注明规格和配制方法时，均应按HG/T 2843-1997的规定。

6.1 外观

用目测法测定：取少量样品放在白色搪瓷盘（或白色塑料调色板）中，仔细观察样品的颜色、形状和质地，辨别气味，应符合4.2的规定。

6.2 有效活菌数测定

应符合NY/T 798-2004中5.3.2的规定。

6.3 有机质的测定

应符合NY 525-2012中5.2的规定。

6.4 水分测定

应符合NY/T 798-2004中5.3.5的规定。

6.5 pH测定

应符合NY/T 798-2004中5.3.7的规定。

6.6 粪大肠菌群数的测定

应符合GB/T 19524.1-2004的规定。

6.7 蛔虫卵死亡率的测定

应符合GB/T 19524.2-2004的规定。

6.8 As、Cd、Pb、Cr、Hg的测定

应符合NY/T 1978-2010的规定。

7.检验规则

7.1 检验分类

7.1.1 出厂检验（交收检验）

产品出厂时，应由生产厂的质量检验部门按表1进行检验，检验

合格并签发质量合格证的产品方可出厂。出厂检验时不检有效期。

7.1.2 型式检验(例行检验)

一般情况下,一个季度进行一次。有下列情况之一者,应进行型式检验:新产品鉴定;产品的工艺、材料等有较大更改与变化;出厂检验结果与上次型式检验有较大差异时;国家质量监督机构进行抽查。

7.2 判定规则

7.2.1 本标准中质量指标合格判断,采用 GB/T 8170-2008 的规定。

7.2.2 具下列任何一条款者,均为合格产品:产品全部技术指标都符合标准要求;在产品的外观、pH、水分检测项目中,有一项不符合标准要求,而产品其他各项指标符合标准要求。

7.2.3 具下列任何一条款者,均为不合格产品:产品中有效活菌数不符合标准要求;有机质含量不符合标准要求;粪大肠菌群数不符合标准要求;蛔虫卵死亡率不符合标准要求;As、Cd、Pb、Cr、Hg 中任一含量不符合标准要求;产品的外观、pH、水分检测项目中,有两项以上不符合标准要求。

8.包装、标识、运输和贮存

生物有机肥的包装、标识、运输和贮存应符合 NY/T 798-2004 中第 7 章的规定。

参考文献

[1] 伍昌胜，严立冬. 湖北绿色农业发展研究报告 2008[M]. 武汉：湖北人民出版社，2009.

[2] 施能浦. 甘薯绿色栽培与地瓜干加工新技术[M]. 福州：福建科学技术出版社，2006.

[3] 牟长荣，朱钟麟. 复混肥生产应用技术[M]. 成都：成都科技大学出版社，1994.

[4] 方天翰. 复混肥料生产技术手册[M]. 北京：化学工业出版社，2003.

[5] 周连仁，姜佰文. 肥料加工技术[M]. 北京：化学工业出版社，2007.

[6] 左广胜，徐振同，韩克敏等. 实用生物有机肥问答[M]. 北京：中国农业出版社，2003.